Understanding of Architectural Engineering

건축공학의 이해

정순오 · 정세환 공저

기문당

머리말

건축은 아름다운 디자인적인 표현과 이를 실현하는 기술적인 뒷받침이 있어야 가능하다. 건축물은 그 시대를 반영하고 기술수준의 척도가 되기도 하며, 인간이 생존하고 원하는 한 더 편안하고 아름다운 생활공간을 창출하는 작업은 끝없이 계속될 것이며 건축기술도 발전할 것이다.

이 책은 건축에 뜻을 두고 입학한 새내기들에게 건축공학 분야의 이해를 돕기 위한 입문서로서 건축구조, 건축재료, 건축시공, 건축환경 및 설비 분야에 대한 기초적인 지식을 제공하는데 목적을 두었다.

건축공학을 이해하는데 도움이 될 수 있도록 각 전공에서 중요하다고 판단되는 기본지식을 도출하여 알기 쉽게 기술하고자 노력하였다.

이 책을 집필하면서 학회 및 관련서적의 자료 및 내용을 사전에 양해 없이 사용함에 대해 진심으로 사의를 표하며, 건축공학 분야에 대한 이해가 필요한 학생들과 관심 있는 분들께 도움이 되기를 바랍니다.

끝으로 이 책이 나오기까지 많은 도움을 주신 모든 분들과 출판에 협조해주신 기문당 관계자 여러분들께도 깊은 감사를 드립니다.

2010년 11월

저자

차 례

CONTENTS

제 1 장

총 론

1 총 론

1.1 건축물의 기원

인류가 지구상에 살기 시작하면서 자신과 가족을 보호하고 삶을 살아가기 위해 그 시대에 맞는 적절한 공간이 필요하였을 것이다.

인류가 집을 짓기 시작한 것은 건축물에 대한 기록이 남아 있는 것으로 보아 최초문자가 만들어진 기원 전 3000년 이전으로 보인다.

원시시대의 건축물은 자연환경의 피해와 동물의 습격으로부터 자신들을 보호하기 위해 주변에서 쉽게 구할 수 있는 재료를 이용하였다.

자연환경에 순응하며 생활하는 양식에 맞게 집을 지었을 것이며 최초의 주거형태는 동굴형태의 은신처를 만들면서 시작된 것이다.

이 시대의 건축물이야말로 요즘 회자되고 있는 자연 친화적이고 자연에 의존한 친환경 건축물이었던 것이다. 그 후 도구를 사용하면서부터 자연상태의 흙, 나무, 돌 등을 다듬어 원하는 형상으로 만들어 건축물을 짓게 되었다.

건축물을 짓는 과정에서 시행착오를 거치면서 자연재해와 동물의 습격 등에 견딜 수 있는 안전하고 튼튼한 건축구조 및 구법이 발달하였을 것이다.

건축의 어원은 라틴어로 아키텍투라(architectura)이며, 예술(art)과 기술(technique)의 의미가 포함되어 있다.

건축은 예술과 기술의 조화 속에 아름다운 건축물이 탄생하게 되며, 건축을 종합적인 예술 또는 학문이라고 하는 근거이기도 하다.

그러나 건축은 예술과 기술의 분야가 서로 조화되고 융화되어야만 인간이 원하는 안락한

생활공간을 창조할 수 있다. 건축은 궁극적으로 인간이 거주할 목적으로 공간을 창조하는데 물리적 공간의 창출뿐만 아니라 정신적, 환경적인 요구도 담는 공간이 되어야 한다.

이러한 건축물을 만들기 위해서는 디자인이 뛰어난 적절한 계획과 설계, 재료의 선정, 경제적이고 합리적인 구조계획 및 시공이 뒤따라야 한다.

산업혁명의 시작으로 재료의 대량생산, 인공재료의 사용, 새로운 건축기법의 발달 등으로 건축 분야에도 획기적인 발전을 가져오게 되었다.

건축물의 형상, 구조 및 사용재료 등은 그 당시의 사회생활 및 자연환경에 영향을 받는다. 고대 농경사회 시대의 건축물은 곡식저장에 필요한 창고, 단체생활에 필요한 집회시설 등이 있었고, 도시가 발달하면서 시청, 병원, 극장, 은행, 미술관, 도서관 등 많은 사람이 모여 사는데 필요한 건축물이 세워졌다. 이러한 건물은 사람들의 생활에 필요한 편의시설로 사용되고 많은 건축적인 발전을 이루는 역할을 하였다.

최근의 건축은 과학과 기술의 발달로 초고층 건물, 비정형의 건물, 대공간 구조물 등 모든 기술이 집약된 첨단산업으로 발전하고 있으며 인간에게 적합한 최적의 환경을 제공하는데 앞장서고 있다.

1.2 건축공학이란?

건축물을 구성하는 두 가지 요소를 들자면 건축물의 뼈대를 만드는 골조와 건축물의 표면을 치장하고 완성하는 내장 및 외장이 포함된 마감이다.

건축의 특성상 건축은 예술적인 측면의 디자인 분야와 기술적인 측면의 공학 분야로 흔히 구분하고 있다. 디자인 분야는 건축계획, 건축설계, 실내인테리어 등이며 건축공학 분야는 건축구조, 건축시공, 건설관리, 건축재료, 건축환경, 건축설비 등이다.

건축공학의 이론과 실무가 뒷받침되어야 실용적이고 안전한 건축물을 완성할 수 있을 것이다. 건축물을 아름답게 디자인하면 그에 적합한 구조설계와 구조계산이 이루어지고 모든 분야의 설계도면이 완성되면 실제로 대지 위에 건물을 세우고 사용할 수 있도록 만드는 분야가 건축공학 분야이다. 건축물은 빠른 시간 내에 경제적이고 안전하게 필요한 모든 기술과 공법을 제공하여 완성해야 하며, 건축물의 사용 중에도 초기의 건물성능을 유지하도록 관리하는 분야도 공학 분야에서 담당하는 업무라고 할 수 있다.

최근에는 친환경 건축, 각종 첨단공학 및 기기를 이용한 인텔리전트 빌딩(intelligent building)과 재료, 구조기술 및 공법의 발달로 초고층 건축물이 많이 지어지고 있다.

그러므로 오늘날 공학적 측면의 기술과 지식의 중요성이 날로 커지고 있으며, 건축물의 높이도 경쟁적으로 높아지고 있고 대규모 초대형 건물의 수도 증가하고 있다.

과거에는 건물의 뼈대를 만들어 필요한 공간을 창출하는 것에 치중하였다면 요즘은 발전하는 첨단기술로 공간을 안락하고 편리하게 하기 위한 각종 전기 및 기계설비의 중요성이 커지고 있으며 공사비의 비중도 커지고 있는 실정이다.

그러나 건축은 인간을 위한 공간의 창출이라는 목적을 달성하기 위해서는 건축 디자인과 기술적 측면의 제 요소가 모두 반영되고 조화될 때 아름다운 건축물이 탄생한다는 사실을 기억해야 한다.

1.3 건축공학자의 역할

건축물의 탄생은 건축주의 요청으로 건축가(설계자)에 의해 건축주의 요구와 법적인 사항 등을 고려하여 주변 환경과 어울리는 아름다운 건물을 디자인하면서 시작된다.

이 과정에서 건축구조기술자는 건물에 작용하는 모든 하중을 고려하여 가장 경제적이고 안전한 구조시스템을 선정하게 된다. 여기에는 건물의 뼈대를 구성하는 구조재료 선정(철골, 철근, 콘크리트 등) 및 건물의 주요 구조부재인 기초, 기둥, 벽체, 보 및 슬래브 등의 구조계산 및 구조설계로 부재의 치수와 형태 등이 결정된다. 이 과정에서 건축구조기술자는 설계자 및 관련 주체들과 많은 의사를 교환하여 최적의 구조시스템을 선정하고 부재를 설계해야 할 것이다.

또한 건축설비 담당자는 건물의 요구 성능, 즉 편안하고 용도에 맞게 공간을 사용하기 위한 각종 기계, 설비 등을 선정하고 배치한다. 이것은 사람들의 활동을 지원하고 건물의 성능을 발휘하도록 하는 것이며 역시 설계 및 시공과정에서 건축가 및 시공자와 협의하여 작업을 실시해야 한다.

예를 들면, 우리가 가정에서 사용하는 냉난방, 수도시설, 전화와 컴퓨터, 전등 등을 편리하게 사용하도록 설계하고 지원하는 역할을 한다.

건축시공기술자(시공자)는 건축주로부터 건축물 시공을 의뢰받게 되며 설계도서를 바탕으로 계약한 기간 내에 양질의 건물을 대지 위에 완성하는 역할을 담당한다. 여기에는 필요한 기술과 공법을 제공하여 빠른 시간에 경제적이고 안전한 양질의 건물이 완성되도록 하는 내용이 포함된다.

건축주는 건축물 완성에 소요되는 제반 비용, 즉 설계비, 공사비 등을 모두 부담하게 되며, 설계자와 시공자는 건축주의 요구를 받고 설계와 공사를 하게 되며 계약된 비용을 받게 된다.

하나의 건축물이 탄생하기까지는 건축물을 원하는 건축주의 요구가 있어야 하며 건축주의 요구사항을 반영한 설계도서가 완비되어야 한다.

관련주체인 설계자, 구조기술자, 시공자 등이 협의를 통해 현장의 조건이 반영된 최적의 설계를 완성해야 한다.

그러므로 최적의 건축물을 완성시키기 위해서는 계획단계부터 관련되는 모든 전문가가 참여하고 협업하는 것이 최상의 선택일 것이다.

최근에는 건축물의 층수와 규모가 커지고 건축주의 요구수준도 매우 다양하여 이를 해결하기 위해서는 건축공학 분야에서도 새로운 기술과 경험이 많이 요구되고 있다.

제 2 장

건축구조

2 건축구조

2.1 건축물과 구조

2.1.1 건축구조의 목적

건축구조의 중요한 목적은 건축물의 형상을 유지하고 공간을 구획하여 사람들이 안전하게 거주하도록 하는 것이다. 나아가 건축설계와 병행하여 모든 하중에 대항하여 안전하고 경제적인 구조물이 가능하도록 구조의 형식 등을 결정하는 건축구조계획을 세워야 한다.

또한 구조는 건물에 자체의 무게뿐만 아니라 외부에서 작용하는 모든 하중을 부담하고 이에 대해 안전해야 하며, 땅속의 지반으로 안전하게 하중을 전달해야 한다.

다음과 같이 로마 건축가 비트루비우스의 「건축십서」에서 제시한 건축에 요구되는 3요소에도 건축구조가 포함된다.

- 구조[튼튼함, strength] – 건축물의 뼈대(골조)를 만듦
  - 건축물이 안정적이고 안전한가?
- 기능(쓰임새, function) – 건축물의 실용성, 사용 편리성
  - 건축물이 설계한 대로 기능을 발휘하는가?
- 미([아름다움, esthetic] – 건축물의 형상, 질감 등 디자인적 요소
  - 건축물이 아름다운가?

2.1.2 건축구조의 기능

건축은 인간 생활행위를 담는 그릇과 같으므로 건축물의 사용목적과 일치하도록 설계하고 대지 위에 지어져야 한다. 이 때 경제성과 시공성 등을 고려한 구조형식 및 사용재료, 기초형식 등을 결정하는 과정을 거쳐야 한다.

구조시스템의 선정이나 구조설계가 잘못되는 경우에 건물에 균열이 발생하거나 변형이 일어나며 심한 경우에는 붕괴로 이어질 수 있다. 이 경우 물적 피해는 물론 인적 사고가 발생할 수 있다.

특히 건물에서 환기와 조명을 위해 창문을 만들고 사람의 출입을 위해 문을 설치하는데 이러한 개구부 설치와 공간을 분리하여 사용하기 위해서 설치된 부재는 구조적으로 튼튼하고 안전한 역할을 해야 한다.

건축구조의 기능은 건물이 사용되는 기간 중에 붕괴되지 않도록 하는 것은 물론이고 건물의 본래 기능을 충분히 발휘할 수 있도록 강성과 강도를 유지하는 것이다.

건축구조의 역할을 인체에 비유하면 사람의 형상을 만들고 똑바로 서서 걸어 다닐 수 있도록 하는 뼈와 같은 역할을 한다고 볼 수 있다.

2.1.3 건축구조의 발전

구조이론은 그리스 초기부터 시작되었다고 볼 수 있으며 아리스토텔레스(Aristoteles), 피타고라스(Pythagoras), 플라톤(Platon) 등이 선구자라고 할 수 있다. 17세기 중엽 갈릴레오(Galileo Galilei)의 진자의 주기성과 자유낙하 물체의 가속도 측정 등을 실험으로 증명하였고, 뉴턴(Isaac Newton)은 운동의 법칙을, 훅크(Robert Hook)는 힘과 변형의 관계를 밝혀냈다. 이 후로 많은 과학자들이 구조이론을 정립하고 발표하여 구조기술의 발달을 가져왔다. 근대 이전의 건축물은 한정된 재료 및 기술의 사용으로 창조적이고 자유로운 건물의 축조가 어려웠으나 최근에는 인공재료, 건축구조 및 기술의 발달로 초고층 건물, 장스팬, 특수형상의 건축물 등의 축조가 가능하게 되었다.

최근에 경량이면서 고강도인 재료, 장스팬을 가능케 하는 특수구조, 지진에 잘 견디는 내진구조 등이 건축기술의 발전으로 이룰 수 있는 사례로 볼 수 있다. 건축구조는 과학적 원리에 기초를 두고 있으며, 여기에 건축에서 추구하는 아름다움, 요구하는 다양한 기능의 충족등을 가능하게 만드는 중요한 역할을 하므로 건축 디자인에 적합한 재료와 구조시스템을 선정하여야 한다.

2.1.4 건축구조의 선정

건축물의 형태와 기능을 유지하고 안전성을 확보하기 위해서는 적합한 구조시스템을 선정하여 구조부재인 기초, 기둥, 보, 벽체, 바닥판 등을 적절하게 배치한다. 또한 건물 구조시스템 선정시 건물에 가해지는 각종 하중을 예상하여 충분히 안전하도록 구조설계 및 재료선정에 유의해야 한다.

이러한 업무는 구조를 전공한 구조기술자의 일이며 구조기술자는 설계된 건축물의 기능이 발휘되도록 하면서 이에 맞는 적절한 구조재료의 선정, 최적의 구조시스템 채택, 시공성 확보 등을 위해 건축가, 설비기술자, 시공자 등 관련 주체와 충분히 협의해 가면서 업무를 진행해야 한다.

이러한 사항을 고려하면 최적의 구조는 다음과 같이 요약할 수 있다.

- 가장 안전하고
- 가장 강하고
- 가장 기능적이며
- 가장 경제적이며
- 가장 아름다운 것

구조기술자는 설계자와 협의하여 설계도면이 완성되면 이에 맞는 구조계획을 수립하고 하중을 산정하고 구조계산을 실시한다. 구조계산이 완료되면 건물의 각종 구조부재의 단면이 결정되어 구조도면을 작성할 수 있고 시공성에 대한 검토가 이루어질 수 있다.

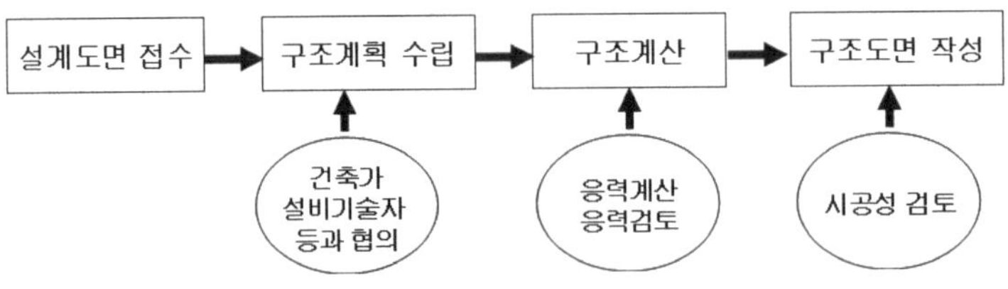

그림 2-1 | 구조설계 흐름도

2.2 건축물에 작용하는 하중

2.2.1 건물과 하중

(1) 건물의 구조체

현대에는 건물의 규모가 커지고 층수가 높아지면서 건물의 구조체가 받아야 할 하중의 크기가 기하급수적으로 늘어나고 있다. 우선 구조적으로 형태를 유지하려면 중력으로 발생하는 많은 무게를 견뎌야 하며 이외에 건물에 작용하는 많은 종류의 하중에 대해서도 잘 견디고 안전해야 한다.

이런 모든 하중에 대해 건축물의 안전성을 확보하기 위해서는 인체에 뼈가 있어 똑바로 서고 몸무게를 지탱할 수 있는 것처럼 건물 속에도 뼈와 같은 형태를 만들어주어야 한다. 이러한 건물의 뼈대를 구조체라 하며 건물의 뼈대는 일반적으로 기초, 기둥, 보, 벽체 및 슬래브 등의 구조부재로 구성된다.

건물의 뼈대는 살 속에 감추어져 있는 뼈처럼 일반적으로 뼈대 위에 설치하는 마감공사로 감추어진다.

(2) 하중의 작용

건축물에 작용하는 하중을 정확하게 알아내는 것은 매우 복잡하고 어려운 일이다. 하중은 건축물의 형태, 사용한 재료, 건물의 위치 등에 따라 달라지며 시간과 장소에 따라서 변할 수 있다.

건축물에 작용하는 하중은 보통 질량 또는 중량(kg, kN)으로 표현하지만 여기에 속도를 고려하면 같은 중량이라도 건축물에 미치는 영향은 훨씬 크게 된다.

같은 질량을 가진 물체라도 달에서 보다 지구에서 6배 더 무거운 것은 지구의 중력 때문이다.

건축물은 건물 자체의 무게와 자연현상으로 발생하는 외부 힘에 대해서 안전하게 저항하고 형상이 유지되어야 하므로 건축물에 작용하는 모든 하중이 구조계산에 반영되어야 한다. 건축물은 작용하는 모든 하중을 부담해야 하는데 여러 하중이 조합되어 다양한 형태로 건축물에 작용하므로 최악의 조건에서 하중의 영향을 검토해야 한다.

이러한 하중에 따라 구조시스템을 선정하고 건물의 주요부재를 배치하고 크기를 산정해야 한다.

모든 하중은 건물을 구성하는 구조부재인 슬래브, 보, 기둥 등의 부재에 작용하게 되고, 이 하중은 인접한 타부재로 전달되며 마지막에 기초에 전달되어 지반이 이를 부담한다.

그러므로 안전한 건물을 만들기 위해서는 작용하는 모든 종류의 하중에 대해 알아야 하며, 작용 가능한 하중을 예상하여 구조계산을 실시하여야 한다. 건물에 작용하는 하중의 산정이 잘못 되었거나 완공 후에 예상하지 않은 추가하중이 작용하는 경우 건물의 안전을 보장할 수 없게 된다. 그러므로 구조설계 및 계산에서 착오가 발생하지 않아야 하며, 준공 후에 구조의 변경이나 당초 구조계산 시 보다 더 많은 하중이 실리는 용도로 변경되는 일이 없도록 해야 한다.

또한 기존의 건물을 타 용도로 변경하여 사용할 경우 사전에 구조검토를 실시하여 안전성의 확보를 확인해야 한다.

■ 하중(荷重, load)
- 건물 또는 부재에 작용하는 모든 외부의 힘(외력)으로 건축물 시공 중에 또는 완성 후에도 작용

■ 구조설계(構造設計, structural design)
- 건축물 구조의 계획과 하중에 대한 역학적 계산을 실시하고 구조도면을 작성함

(3) 응력

응력은 건물에 하중이 가해질 때 단위 면적당 받는 힘을 말하며 이러한 응력이 작용할 때 구조물은 잘 견딜 수 있어야 한다.

응력은 다음과 같이 단위 면적당 작용하는 하중(힘)으로 표현될 수 있다.

응력 = 단위 면적당 내력
= 작용한 하중(힘)/면적(kg/m² 또는 Pa)

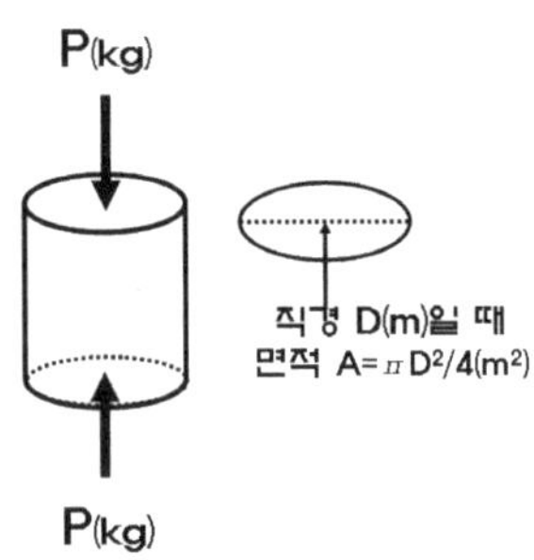

그림 2-2 | 구조물과 하중(압축력)의 작용

그림과 같이 단면적 A(m²)인 구조물에 외부하중이 P(kg)가 작용했다면 구조물 단면에 작용하는 응력은 다음과 같이 계산할 수 있다.

구조물의 응력 $\sigma = P/A$

$$= P/(\pi D^2/4)$$

$$= 4P/\pi D^2 (kg/m^2)$$

■ 응력(應力, stress)의 단위

– 1Pa(파스칼) = 1N(뉴턴)/m² = 0.1kgf/m²

2.2.2 하중의 종류

(1) 고정하중(dead load)과 적재하중(활하중, live load)

고정하중

건물 자체의 무게(자중)와 지속적으로 가해지는 하중을 말하며 이 하중은 중력의 방향인 지구의 중심을 향해 작용한다. 건물을 형성하는 각종 구조부인 바닥판, 기둥, 보 등과 건물에 영구적으로 붙어 있는 각종 마감재료 및 설비류가 고정하중에 포함된다.

이러한 하중은 건물이 존재하는 동안 영구적으로 작용하는 영구하중이며, 중력방향으로 작용하는 수직하중이다. 고정하중은 설계단계에서 정해진 구조시스템 및 사용재료 등에 따라 결정되는 것이다.

고정하중은 큰 구조물과 무거운 재료를 사용한 건물에서는 큰 비율을 차지하므로 최근의 고층건물에서는 고정하중을 줄이기 위해 강도가 크면서 무게가 가벼운 재료를 사용하고 있는 추세이다.

표 2-1 | 재료의 단위체적 중량 예

재 료 명	단위체적 중량(kN/m³)	비 고
철(강재)	785	7.85 t/m³
알루미늄	27	
철골철근콘크리트	25	
철근콘크리트	24	2.4 t/m³
무근콘크리트	23	
모르타르	20	

고정하중의 계산은 구조재료의 단위중량을 이용해서 구한다. 즉 재료의 부피(체적)에 비중을 곱해서 산정하게 된다.

■ 고정하중 산정 예

- 가로, 세로 및 높이가 각각 50cm, 50cm, 360cm인 철근콘크리트 기둥의 고정하중은 부피×단위중량으로 구한다.

  즉 고정하중은 $[0.5\times0.5\times3.6]m^3\times24kN/m^3 = 21.6kN$

적재하중(활하중)

적재하중은 이동할 수 있는 모든 하중으로 사람, 동물, 가구, 서류함 등 또는 공사 중의 하중, 비, 바람, 눈 등이 포함되며, 건물의 용도와 부위에 따라 다양하게 적용된다.

고정하중은 거의 변화가 없지만 적재하중은 수시로 달라질 수 있다. 작용하는 적재하중은 같은 부위라도 하중이 작용하는 상황에 따라 달라지며 하중은 단위면적당 작용하는 하중으로 표현한다.

적재하중은 안전성을 우선으로 최악의 하중조건을 고려하여 산정해야 한다. 또한, 적재하중은 실제로 바닥에 균등하게 작용하는 경우는 없지만 바닥의 단위면적당 일정하게 작용한다고 가정하여 산정한다.

표 2-2 | 등분포 적재하중의 예

용 도	건축물의 부류	적재하중(N/m^2)
주 택	주거용 건축물의 거실, 공용실, 복도	2,000
	공동주택의 발코니	3,000
학 교	교실과 해당복도	3,000
	로비	4,000
사무실	일반사무실과 해당복도	2,500
	로비	4,000
병원	병실과 해당복도	2,000
	수술실, 공용실과 해당복도	3,000
숙박시설	객실과 해당복도	2,000
	공용실과 해당복도	5,000

예를 들면 주택의 거실의 적재하중은 2(kN/m²)이고, 학교 교실의 적재하중은 3(kN/m²)으로 주택의 적재하중이 거실보다 크다. 적재하중은 불확실성을 가지고 있으므로 안전율을 고려하여 평균값으로 설정한다.

■ 적재하중 산정 예

- 가로와 세로의 길이가 각각 6m, 8m인 교실의 적재하중은 면적×단위적재하중으로 구한다.(교실의 단위 적재하중은 3(kN/m²),
  즉 적재하중 = [(6×8)m²×3kN/m²] = 144kN

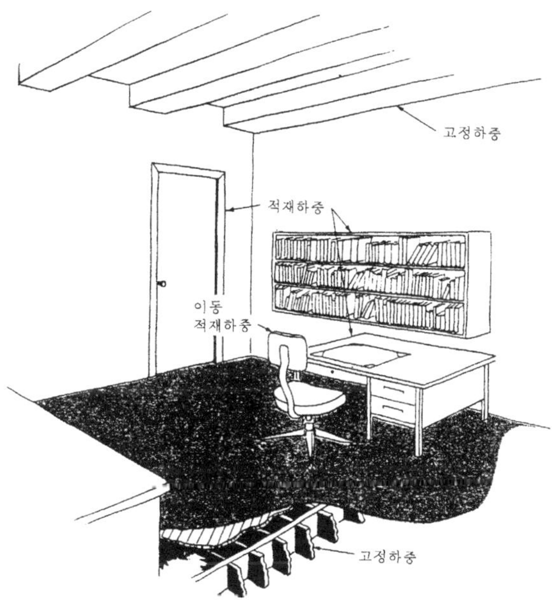

그림 2-3 | 고정하중 및 적재하중

(2) 정하중(static load)과 동하중(dynamic load)

일반적으로 불변하는 고정하중과 약간의 변화가 있을 수 있는 적재하중을 정하중이라 하고 바람이나 지진 등과 같이 급히 발생하거나 값이 변하는 하중을 동하중이라 한다.

하중의 작용시간은 건물의 진동 기본주기와 연관이 있는데 그 시간이 기본주기보다 짧으면 동적효과를 나타내며, 그 시간이 길면 정적효과를 나타내므로 같은 하중이라도 건물에 따라 정하중 또는 정하중으로 작용할 수 있다.

정하중

정하중은 고정하중처럼 시간의 경과에 따라 급격하게 변하지 않고 거의 일정하게 같은 무게로 작용하는 하중을 말한다.

동하중

동하중은 차량처럼 이동하는 하중이나 충격을 가하는 하중처럼 시간에 따라 급속히 변하거나 갑자기 가해지는 하중이다.

동하중은 갑자기 발생하고 큰 하중으로 작용하므로 건물에 정하중보다 더 큰 하중으로 작용하고 피해를 줄 수 있다. 망치로 못을 박을 때 망치를 올려서 빠르고 힘차게 못을 박는 것이 천천히 약하게 박는 것보다 더 효과적이라는 것을 알 수 있으며 이러한 하중이 충격하중이며 동하중이다.

또한 작은 하중을 지속적으로 작용시켜 진동이 발생하여 교량의 진동과 하중의 작용주기가 일치하면 더 큰 진동이 발생하여 교량을 파괴할 수 있는데 이러한 하중은 공진하중인 동시에 동하중이다. 공진하중은 하중이 변화하는 정도에 따라 크기가 좌우되며 진동주기에 따라 결정된다.

(3) 기타하중(풍하중, 적설하중, 지진하중, 열하중, 침하하중)

풍하중(wind load)

풍하중은 바람이 불 때 건물에 작용하는 압력으로 볼 수 있으며, 바람이 건축물에 미치는 영향은 건물의 높이에 따라 증가한다. 또한, 풍하중은 적설하중과 같이 건축물이 있는 지역에 따라 다른데 바람의 속도(풍속)도 다르며, 건물의 형상 등에 따라 건축물에 영향을 미치는 풍하중의 정도가 좌우된다.

풍하중에 영향을 미치는 요소는 다음과 같다.

- 건물의 지리적 위치
- 노출 정도 및 노출시간
- 건물의 형태
- 건물의 높이 및 크기
- 건물에 가해지는 풍압력 및 풍향

- 건물내부의 압력 및 흡인력

건물에 작용하는 최대풍하중은 과거의 기록을 고려할 수 있으나, 건물의 위치와 고도에 따라 달라지므로 일반적으로 지역을 고려한 기본풍속을 규정하여 사용하고 있다. 특히 고층 건물은 주로 풍하중에 의해 저항할 수 있도록 구조설계가 이루어지는 것이 보통이며, 벽체에 가새를 배치하여 풍하중에 견디도록 하기도 한다. 고층건물을 지을 때 바람의 영향을 미리 알아보고 설계에 반영하기 위해 주변건물과 신축될 건물의 축소모형을 만들어 건물에 미치는 바람의 속도와 영향을 측정하는 풍동실험을 하기도 한다.

고층건물의 상층부는 바람으로 인해 흔들림 현상이 발생하며 이로 인해 거주하는 사람들이 불쾌감(항공병)을 느낄 수 있으므로 진동주기가 짧고 많이 흔들리지 않도록 하는 장치가 요구된다. 최근에 초고층 건물의 사례를 보면, 무거운 추나 물을 담은 저수시설 등을 이용하여 건물의 진동주기와 진동 폭 등을 조절하고 있다.

■ 진동주기
- 진동이 시작되어 종료되기까지 걸리는 시간으로 건물의 강성과 관련 있음

적설하중(snow load)

눈으로 인한 하중은 건물이 위치한 지역과 환경에 따라 많은 영향을 받으며, 구조물의 형상, 지붕의 경사와 형태 등도 영향을 미친다. 예를 들면, 평지붕이 경사지붕보다는 눈이 쌓이기 쉬우므로 적설하중을 더 크게 고려해야 하며, 표에서와 같이 지역에 따라 적설하중을 다르게 적용한다.

표 2-3 | 적설하중의 기본값

지　역	지상 적설하중(N/㎡)
서울, 수원, 춘천, 서산, 대전, 추풍령, 포항, 군산, 대구, 전주, 울산, 광주, 부산, 충무, 목포, 여수, 진주, 울진, 이천, 제주, 서귀포	500
인천	800
속초	2,000
강릉	3,000
울릉도, 대관령	7,000

지진하중(earthquake load)

지진은 지구를 구성하는 여러 판이 있는데 이들 간에 서로 부딪치는 충격으로 지진이 발생한다고 한다. 지진 때문에 건물의 중심이 흔들려 건물이 흔들리거나 파괴되기도 하며, 풍하중과 같이 고층건물은 무게중심이 흔들리기가 더 쉬우므로 더 세밀한 내진설계가 필요하다.

최근에 북경, 아이티, 인도네시아 등에서 대지진이 발생한 바 있으며, 지진은 우리나라도 자주 발생하고 있다. 우리나라에서 발생한 지진은 정도가 약한 편이었으나 1978년 충남 홍성에서 지진이 발생한 이후부터 관심을 끌게 되었고, 1988년부터는 구조물의 설계를 내진설계로 하고 있다.

지진의 강도는 리히터 지진계로 측정하며, 지진하중은 수직과 수평방향으로 동시에 일어나며 지속되는 시간이 있어 리듬을 타게 되어 건물의 고유진동주기와 일치하게 되면 너울성 파도가 칠 때처럼 큰 피해를 입게 된다.

■ 하중의 종류

- 장기하중 : 건축물 완성부터 수명이 다할 때까지 장기간 작용하는 하중으로 고정하중, 적재하중 등이 해당됨.
- 단기하중 : 건축물에 단기간에 영향을 미치는 하중으로 풍하중, 적설하중, 지진하중 등 해당됨.

열(온도)하중

건축물이 온도변화로 발생하는 열팽창과 수축현상으로 치수변화가 일어나고 이것이 하중으로 작용하는데 이를 열(온도)하중이라 한다. 온도가 증가하면 건축물에 사용된 재료가 늘어나고 겨울에 온도가 떨어지면 수축하는 현상이 발생하므로 신축성 있는 재료를 선택하거나 변형을 흡수할 수 있는 방법을 사용한다. 철도레일에 일정한 간격마다 틈을 둔 것은 여름과 겨울의 온도 차이로 발생하는 변화에 적절히 대응하기 위한 것이다.

침하하중

지반이 고르지 못해 저항력이 다를 경우 건물의 기초 일부가 부동침하를 일으킬 수 있으며 이로 인해 건물의 지지부분은 설계 당시보다 더 많은 하중을 부담하게 된다. 부동침하는 건물 상부에 균열을 유발하거나 건물 일부에 처짐 현상을 발생시키기도 한다. 연약한 지반의 일부를 보강하는 것은 부동침하를 대비하기 위한 것이다.

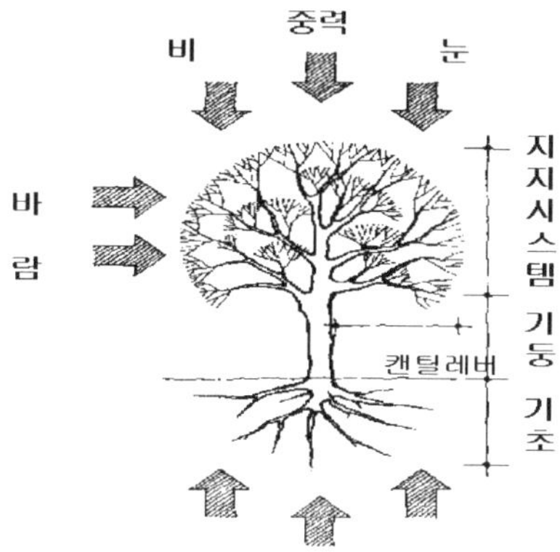

그림 2-4 | 구조물과 하중

2.3 구조 일반개념

2.3.1 구조물의 평형

건축물에 작용하는 하중은 구조부재를 통하여 지반까지 안전하게 전달하게 되는데 이러한 하중의 흐름은 슬래브, 보, 기둥 등을 통해 이루어진다.

건축물은 외부에서 하중이 가해졌을 때 이 힘(외력)에 저항하는 반력이 발생하여 균형을 이루는 상태가 되는데 이 때가 힘의 평형이 이루어졌다고 한다. 건물이 작용하는 외력에 견디지 못하면 평형상태가 깨져 건물에 손상이 발생하거나 심하면 붕괴에까지 이르게 된다.

건축물이 평형을 이룬다는 것은 수평으로 작용하는 힘의 평형, 수직으로 작용하는 힘의 평형, 그리고 회전에 의한 힘의 평형이 동시에 이루어진다는 것을 의미한다. 하중을 받는 구조물이 움직이지 않기 위해서는 움직이지 않도록 하는 지점이 있어야 하며, 이러한 지점에 의해 구조물에 발생하는 힘을 반력이라 한다.

구조물이 평형상태라면 지점에서 하중의 힘과 반력의 힘의 합이 0(제로)이 되어야 한다. 다시 말하면 건축물이 평형을 이루려면 수평하중, 수직하중, 모멘트에 대한 작용하중과 반력의 합이 제로가 되어야 한다는 것이다.

몸무게가 같은 사람이 시소의 중심에서 같은 거리에 앉아 있을 때 시소는 두 사람의 무게를 수직으로 평형을 이루게 하고, 한사람이 움직이면 평형이 깨지고 시소는 먼 거리에 앉아 있는 쪽으로 회전한다. 그러므로 회전에서의 평형상태를 유지하기 위해서는 무게뿐만 아니라 거리도 서로 같아야 한다는 것이다.

회전상태의 평형을 유지하기 위해서는 무게(힘)와 작용한 거리의 곱이 같아야 하는데 힘과 거리의 곱을 모멘트라고 한다.

■ 건물에서 힘의 흐름
- 슬래브 → 보 → 기둥 또는 벽체→ 기초 → 지반

2.3.2 구조물의 안정

피사의 사탑처럼 탑은 무너지지 않았지만 기울어져 있다면 그 건물은 회전에서 불안정한 것이다. 이러한 건물의 불안정은 지반의 내력이 고르지 않아 일부가 침하하거나 바람의 영향으로 건물이 한 방향으로 넘어지는 경우에 발생한다.

또는 경사진 지반에 건물을 세웠을 경우 건물의 자중으로 지반의 경사방향을 따라 건물이 미끄러지는 현상(슬라이딩)이 발생하기도 한다.

건물의 안정성을 확보하게 되는 가장 중요한 일은 건물의 기초와 지반과 관련이 있으며, 기초가 받은 하중을 지반이 잘 견뎌서 침하가 일어나지 않아야 한다.

지반상태를 조사하여 건물의 규모와 하중을 고려하여 기초를 설계하고 때에 따라서는 지반을 강하게 만들기 위해 보강공사를 하기도 한다.

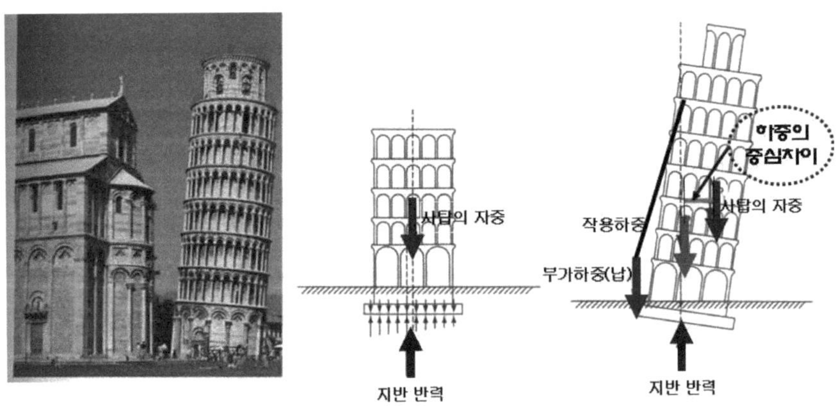

피사의 탑이 기울어 지는 원인은 무엇 일까요?

그림 2-5 | 구조물의 불안정

2.3.3 기본적인 힘의 종류

건물은 하중을 받으면 변형이 발생하며, 하중의 작용에 따른 응력의 변화는 다양하지만 인장력, 압축력, 전단력을 기본응력으로 볼 수 있다.

(1) 인장력(tension)

인장력은 부재를 길이방향으로 늘어나게 하려는 힘이며, 재료의 분자가 서로 당겨서 분리되려는 상태로 작용하는 힘이고 부재가 인장력에 견디지 못하면 파괴된다. 구조용 재료 중에 철근은 대표적으로 인장력에 강한 재료이며 그 힘을 측정하기 위해 인장강도 시험을 하며, 이 때 단위 길이당 늘어나는 것을 인장변형률이라 한다. 또한 인장(응)력도는 단위 면적당 작용한 인장력이다.

구조부재 중에서는 슬래브와 보 하부에 인장력을 받는 부분이 발생한다.

부재가 인장력을 받으면 단순히 길이 방향으로만 늘어나는 것이 아니라 세로방향, 즉 부재의 직경이 줄어드는 것을 볼 수 있다. 이 원리는 프랑스의 물리학자인 포아송(Poisson)이 발견하였으며, 길이방향의 변형에 대한 세로방향의 변형의 비를 푸아송비라고 한다.

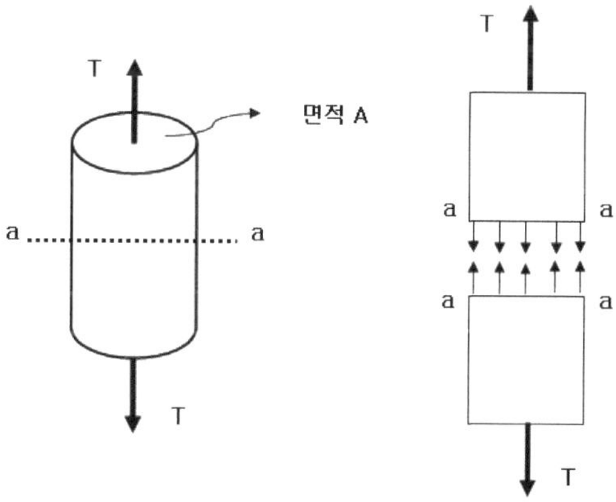

$$인장응력 = \frac{인장력(T)}{단면적(A)}$$

그림 2-6 | 인장력의 작용

(2) 압축력(compression)

압축력은 인장력과 반대로 부재를 길이방향으로 누르는 힘이며, 재료의 분자가 서로 밀치고 있는 응력의 상태로 압축력을 받으면 부재의 길이가 짧아진다.

일반적으로 부재가 굵은 경우는 압축력에 강하며, 재료 중에 돌, 벽돌 등은 대표적으로 압축력에 강하고 인장력에 약한 재료이다.

푸아송비를 고려하면 부재가 압축력을 받는 경우 하중방향으로는 부재의 축소가 발생하고 그 힘의 직각방향으로는 늘어남이 발생한다.

구조부재 중에 기둥과 벽체는 주로 압축력이 발생하며 기둥이 긴 경우 특히 철골조 기둥의 경우 압축력이 커서 기둥이 하중(압축력)을 부담할 수 없는 단계에 도달하면 기둥이 휘어지는데 이를 좌굴(buckling)이라 하고 이 때의 하중을 좌굴하중이라 한다. 좌굴현상은 작용하는 하중의 중심과 부재의 중심에 차이가 날 때 더 쉽게 일어난다.

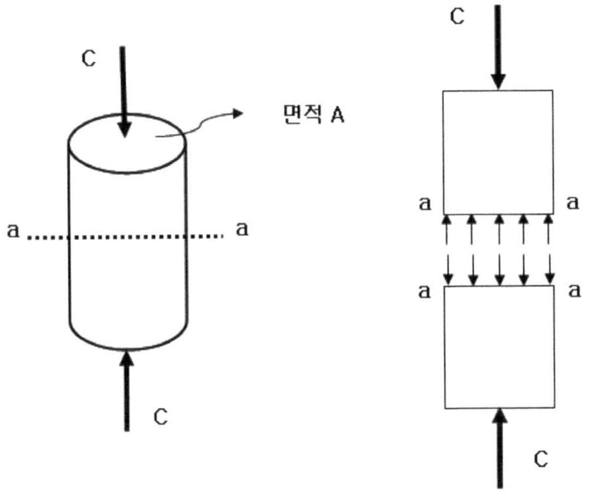

$$압축응력 = \frac{압축력(C)}{단면적(A)}$$

그림 2-7 | 압축력의 작용

(3) 전단력(shear)

전단력은 어떤 부재를 절단하려는 힘이며, 가위로 물건을 자르는 힘으로 생각하면 이해가 쉬우며, 재료의 분자가 서로 관련되어 미끄러지는 응력상태를 나타낸다.

이 때 발생하는 전단변형은 인장력과 압축력이 작용한 경우처럼 길이나 지름의 변화가 아니라 변형이 일어난 기울어진 각도로 측정한다.

구조부재 중에 보에 수직하중이 작용하면 전단력이 발생하게 되며, 특히 캔틸레버보에 하중이 작용하면 보가 고정된 부분에서 보와 고정체가 분리되려는 경향이 있다. 전단은 항상 서로 직각이 되는 두 개의 면에서 미끄럼이 발생하며 사각형 부재를 대각선 방향의 두 모서리를 잡고 늘어나게 하면 반대 대각선 방향으로는 압축력이 발생하고 이 때 부재에 전단력이 발생하게 된다.

다시 말하면 대각선 방향으로 인장력과 압축력을 받은 부재는 한 방향으로는 늘어남과 동시에 반대 대각선 방향으로는 짧아지게 되고 전단이 발생하며, 그런 의미에서 전단력은 압축력과 인장력의 조합으로 발생한다고 볼 수 있다.

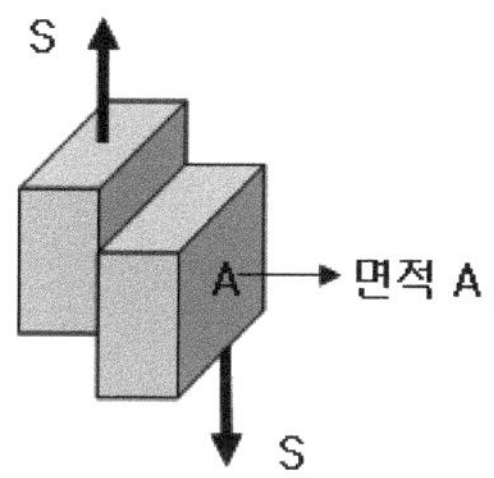

$$전단응력 = \frac{전단력(S)}{단면적(A)}$$

그림 2-8 | 전단력의 작용

(4) 휨모멘트

휨모멘트는 부재를 회전시키려는 힘이며, 힘이 가해지고 회전거리가 있을 때 발생한다. 어떤 점에 대한 휨모멘트량은 힘의 크기에 힘의 작용선으로부터 수직으로 떨어진 거리의 곱으로 표현된다.

구조부재 중에 슬래브와 보는 수직하중과 수평하중이 동시에 작용하여 부재의 중립축을 경계로 상부는 압축력을 받아 줄어들고 하부는 인장력을 받아 늘어나는 형태가 된다. 이러한 응력으로 보나 슬래브는 밑으로 휘어지는 현상이 발생하게 되는데 이것은 휨응력이 작용한 상태라고 볼 수 있다.

그러므로 휨을 받는 부재는 인장력과 압축력에 모두 강해야 하며 재료로는 목재와 강재가 이에 해당하는 재료이다.

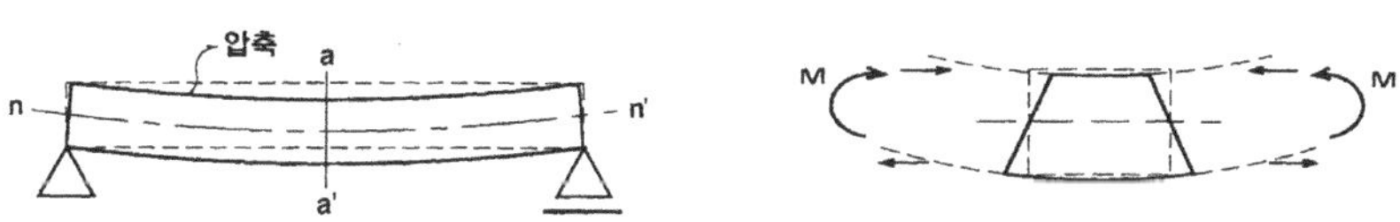

(a) 하중을 받는 단순보 (b) 보 중앙의 휨모멘트 발생

그림 2-9 | 휨모멘트의 작용

2.3.4 구조재의 역학적 성질

재료에 힘이 가해졌을 때 안전하게 외력에 견디도록 하기 위해서는 해당 재료에 힘이 가해져 파괴되기까지의 과정을 이해하는 것이 필요하다. 파괴되는 과정과 파괴모양, 강도 등을 검토해야 한다.

(1) 탄성(elasticity)과 소성(plasticity)

탄성

하중이 건물에 작용할 때 하중이 제거되면 원래 상태로 되돌아가던지 하중으로 인한 변형은 구조재가 견딜 수 있을 정도로만 발생해야 한다.

하중이 제거되었을 때 변형이 없어지는 상태를 탄성이라 하고 이 때는 건축재료가 탄성적으로 작용한 것이다. 탄성상태일 때는 하중과 변형은 비례하며 구조재료는 일반적으로 탄성범위 내의 응력을 받는다. 모든 재료는 어느 정도 탄성을 가지고 있으나 완전한 탄성재료는 없다. 예를 들어, 고무줄을 탄성범위 내에서 잡아당겼다가 놓으면 원래상태로 회복되는 성질이 있지만 탄성범위를 넘으면 끊어지게 된다.

재료가 힘을 받으면 순간적으로 변형이 생긴 후에 가해진 힘을 제거하면 순간적으로 원래상태로 되돌아오는 성질을 말한다. 이러한 재료를 탄성체라 하며 탄성체의 성질을 유지하는 단계를 탄성한도라고 한다. 가해진 힘과 변형이 일정하게 비례하는 재료를 완전탄성체라고 한다.

소성

탄성과는 다르게 힘을 가해서 변형이 생긴 후 가해진 힘을 제거해도 원상태로 돌아가지 않고 변형이 남아 있는 성질, 재료에 작용하는 힘이 어느 한도에 도달하면 외부 힘의 증가 없이 변형만이 증가하는 현상을 말하며 이러한 재료를 소성체라 한다. 외부의 힘을 제거해도 변형이 잔류하는 것을 잔류변형이라 한다.

건축물에 하중을 작용하였다가 제거했을 때 탄성이 없어 원래 상태로 회복되지 않고 잔류변형이 영구적으로 남아 있는 성질이 소성이며, 예를 들어 힘을 주어 엿을 늘여 놓으면 원래상태로 되돌아가지 않는다. 모든 재료는 하중이 일정값을 넘어 탄성범위를 벗어나면 영구적인 변형은 피할 수 없다. 재료가 소성상태를 보일 때의 하중을 항복하중 또는 항복점이라고 한다.

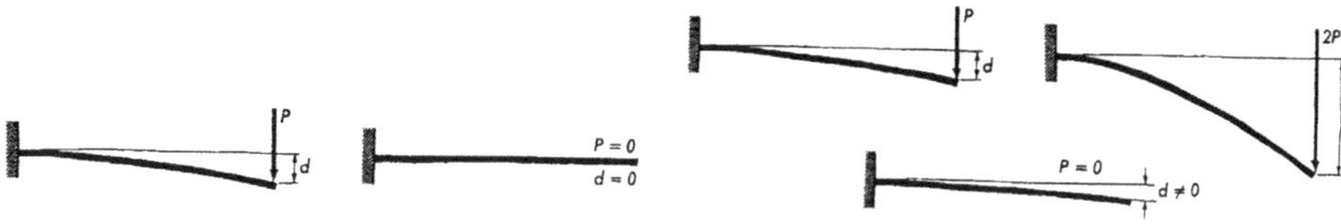

(a) 탄성적 성향 (b) 소성적 성향

그림 2-10 | 탄성 및 소성

그림에서 (a)는 힘(p)이 작용하면 변형이 발생하고 힘을 제거하면 원래 상태로 되돌아가 변형이 없는 탄성적 성향을 보인다. 그러나 그림 (b)는 힘이 작용하는 것과 비례하여 변형이 증가하지 않고 힘을 제거해도 원래 상태로 되돌아가지 않고 영구적으로 변형이 발생하는 소성적 성향을 나타낸다.

(2) 인성(toughness), 연성(ductility) 및 취성(brittleness)

인성(toughness)

재료에 큰 힘을 가했을 때 큰 변형이 일어나면서도 파괴되지 않고 견디는 성질로 파괴에 도달할 때까지는 높은 강도의 응력에 견딜 수 있으며 동시에 큰 변형을 나타내는 성질을 말하며, 흔히 질긴 재료는 인성이 큰 재료이다. 고무와 압연강 같은 재료가 인성이 큰 재료이다.

연성(ductility)

재료가 탄성한계 이상의 힘을 받아도 파괴되지 않고 가늘고 길게 늘어나는 현상을 말하며 인장력을 받을 때 신장력(늘어남)이 좋은 재료는 연성이 좋은 재료이다.

취성(brittleness)

인성이 부족한 재료가 하중을 받을 때 변형이 적게 일어나고 파괴되는 성질을 말하며, 즉 외력에 의해 적은 변형만 나타나도 파괴되는 현상으로 유리 같은 재료는 취성파괴가 일어난다.

(3) 등방성(isotropic)과 비등방성

등방성

어느 방향으로나 고른 성질을 가진 것으로 강도가 응력을 받는 방향에 영향을 받지 않는 것이다. 근대의 인공 건축재료 등이 해당되며 철을 예로 들 수 있다.

비등방성

방향과 각도에 따라 서로 다른 강도를 가진 것으로 응력을 받는 방향에 따라 강도가 달라진다. 목재는 나뭇결의 방향과 그 직각방향에 따라 강도가 달라지는데 그 결점을 없애기 위해 나뭇결의 방향이 직교되도록 여러 겹 부착하면 균질한 강도를 낼 수 있다.

(4) 탄성계수(modulus of elasticity)와 변형도(strain)

탄성계수(영계수 E)

주어진 응력에 대해 변형이 얼마나 일어나는가를 결정하는 물체의 성질이다. 그러므로 재료마다 고유한 탄성계수를 갖는다.

이것은 재료의 재축방향의 응력도와 직각인 세로방향의 변형도와의 비를 의미하며 재료의 강인함의 척도로도 사용되는데 예를 들면, 철근의 탄성계수가 콘크리트보다 더 크다.

응력과 변형이 비례하는(후크의 법칙) 탄성 재료의 단면적 A에 수직력 P가 작용하여 처음 길이 ℓ 이 e만큼 길이가 변화되었다고 가정하면 탄성계수는 다음과 같이 산정할 수 있다.

$$
\begin{aligned}
\text{탄성계수 } E &= \text{응력/변형률} \\
&= \sigma / \varepsilon \\
&= P/A \times \ell / e \\
&= P\ell / Ae(\text{N/mm}^2)
\end{aligned}
$$

변형도(변형률 ε)

구조물은 하중을 받으면 변형하며 변형(deformation)은 재료나 구조물이 외력이나 온도 변화 등을 받아 모양이 변하는 것으로 가로 및 세로방향의 길이 변화가 생길 수 있다.

$$
\begin{aligned}
\text{변형률 } \varepsilon &= \text{변형된 길이/원래길이} \\
&= \Delta L/L
\end{aligned}
$$

변형도(strain)는 변형의 비 또는 율의 정도를 말하는 것으로 길이와 관계되며 단위가 없다. 다만 그 정도가 미소하므로 %(퍼센트)로 표현한다. 변형도는 인장력을 받을 때 양(+), 압축력을 받을 때 음(−)으로 표시하며 인장변형도, 압축변형도, 전단변형도가 있다.

(5) 강도(strength)와 강성(stiffness)

강도

외력이 작용할 때 해당 재료에도 대항하는 저항력이 생기며, 이때 이 재료의 단위면적당의 응력을 응력도(stress)라 하고 이 재료가 견딜 수 있는 최대 응력도를 강도라 한다. 강도의 단위는 단위면적당 작용하는 최대의 하중이므로 kN/m² 또는 kg/m²으로 표시한다.

일반적으로 재료가 외력을 받으면 변형(strain)이 생기고 재료의 내부에는 이에 대응하는 응력이 발생한다. 강도는 재료나 부재에 하중(힘)을 가했을 때 이에 저항하여 변형이나 파괴되기까지의 저항하는 정도를 의미하며, 재료의 강도는 구조물의 파괴하중을 결정한다.

강도에는 인장강도, 압축강도, 휨강도, 전단강도 및 비틀림 강도 등이 있다.

강성

부재나 구조물이 하중을 받을 때 변형되지 않으려는 성질로 변형을 일으키는 정도가 적은 것을 말한다. 강성이 큰 재료는 외력을 받아도 변형을 적게 일으키는 재료이며 탄성계수와 관계가 있는데 탄성계수가 크면 강성이 크다.

강성은 구조물에 하중이 작용할 때 처짐이 크게 발생하지 않도록 하는 역할을 한다.

(6) 항복하중과 극한하중

물체에 하중을 가하면 초기에는 가한 하중에 비례하여 변형이 일어나므로 기울기는 직선으로 나타난다. 이 구간을 선형탄성 구간이라고 하며 이 구간에서는 응력과 변형률이 정비례한다. 이 구간에서 하중을 제거하면 물체는 원래상태로 되돌아가게 된다. 선형탄성 구간이 지나면 하중이 작용해도 하중에 비례하여 변형이 생기지 않는 소성구간이 되는데 이 때는 하중을 제거해도 원상태로 돌아가지 않는다.

탄성과 소성 사이의 꺾인 점(Y점)을 항복점이라 하고 이 때의 응력을 항복하중이라 한다. 소성구간을 지나면 하중이 다시 증가하고 물체는 더욱 강해지며 결국 물체는 최대의 응력인 극한하중(응력)에 도달하게 되고 결국에는 끊어진다.

그러므로 일반적으로 구조물은 구조물의 사용기간 동안에는 작용하는 응력이 항복응력 이하가 되도록 해야 한다.

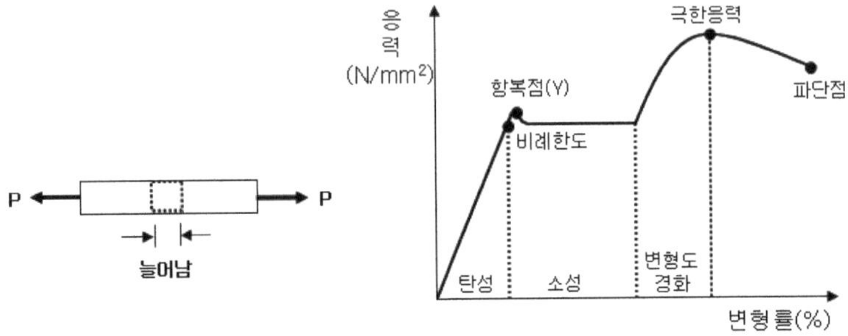

그림 2-11 | 응력과 변형의 관계

(7) 좌굴(buckling)

가는 기둥이나 얇은 판 등을 압축하면 어떤 하중에 이르러 갑자기 부재의 가느다란 길이 방향으로 휘어지는 현상을 좌굴이라고 한다. 기둥의 좌굴은 재료, 길이, 단면의 모양 및 단부의 억제상태 정도에 따라 달라진다. 좌굴이 일어날 때의 하중을 좌굴하중이라 하고 좌굴하중은 탄성계수에 비례하고 기둥 길이의 제곱에 반비례한다.

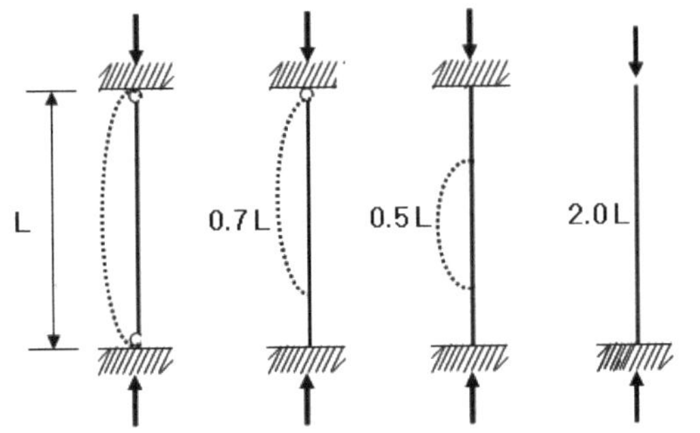

그림 2-12 | 압축재의 좌굴길이

(8) 크리프(creep)

구조물에 하중이 가해져 시간이 경과하면 천천히 변형이 일어나게 된다. 일정한 응력이 가해졌을 때, 변형이 시간의 흐름에 따라 증가하는 현상을 크리프라 하고 시간과 같이 변형이 증가하는 변형을 크리프변형이라고 한다. 이러한 성질을 나타내는 재료를 점탄성체라고 하며 이러한 재료는 구조재료로 사용하기에는 부적절하다.

2.4 건축물의 주요 구조부재

건물의 구조부재를 분해하면 몇 개의 부재로 구성된 것을 알 수 있으며, 각 부재가 구조물이 평형을 이루도록 가해지는 하중을 적절히 부담하여 타부재로 전달하는 역할을 한다.

2.4.1 기초(footing)

(1) 기초의 역할

기초는 주로 지반(땅속)에 설치되며 기둥 또는 벽체가 받은 고정하중, 적재하중 등의 외력을 지반으로 안전하게 전달하는 역할을 한다. 그러므로 가해진 하중을 부담할 수 있도록 튼튼하게 만들어야 한다.

기초는 건축물이 받는 하중의 정도에 따라 형태와 크기 등이 다양하게 변할 수 있다. 하중으로 인한 침하가 일어나지 않도록 기초의 하중을 안전하게 받을 수 있는 견고한 지반에 설치해야 한다. 특히 부동침하는 건물에 균열발생 등 유해한 영향이 미치므로 유의해야 한다.

이를 방지하기 위해서는 사전에 현장의 지반을 철저히 조사하여 흙의 성질을 파악해서 적합한 기초를 선정해야 한다.

아래의 그림은 기초를 구성하는 부분을 나타낸다.

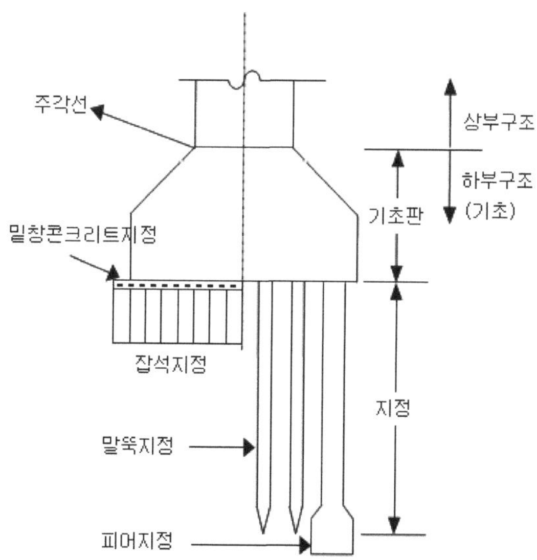

그림 2-13 | 기초의 구성

(2) 기초의 종류

기초의 분류

기초는 기초판의 형식과 지정형식에 의해 분류할 수 있으며, 기초는 지반의 상태, 건물의 용도 및 하중상태 등에 따라 형식이 달라진다.

표 2-4 | 기초의 분류

구 분	종 류		
기초판 형식	독립기초, 줄(연속)기초, 복합기초, 온통기초		
지정형식	직접기초	모래지정, 잡석지정, 콘크리트지정	
	말뚝기초	기능상 분류	지지말뚝, 마찰말뚝, 다짐말뚝
		재료상 분류	나무말뚝 기성콘크리트말뚝, 현장타설콘크리트말뚝, 강재말뚝
	깊은기초	웰(WELL)공법, 케이슨(CAISSON)공법	

- **독립기초** : 단일 기둥을 독립적으로 지지하는 기초이며 지붕보가 설치되기도 함
- **연속기초(줄기초)** : 조적벽이나 벽체를 지지하는 기초 또는 연속된 일련의 기둥을 하나의 기초로 설치
- **말뚝기초** : 말뚝기초는 말뚝에 의해 지지되는 기초
- **복합기초** : 2개 이상의 기둥을 지지하는 장방형의 기초
- **온통기초** : 지하층 전체를 두꺼운 슬래브형의 기초로 만든 것으로 지반내력이 약한 경우에 사용

(3) 지정의 종류

직접지정

- **잡석 지정** : 잡석을 나란히 옆세워 깔고 사춤자갈을 넣어 잘 다진 것
- **모래 지정** : 지반이 연약하고 하부 2m 이내에 굳은 지층이 있을 때 사용
- **자갈 지정** : 밑창콘크리트를 평평하게 하고, 기초하부 부분의 물을 배수하기 위해 사용
- **밑창콘크리트(버림콘크리트) 지정** : 잡석지정, 자갈지정 등의 위에 두께 5~10cm 정도로 무근콘크리트를 타설하는 것

말뚝지정

- 나무말뚝
- 기성콘크리트 말뚝 : R.C말뚝, P.C말뚝, P.H.C말뚝(Pretensioned High strength Concrete Pile)
- 강재말뚝(H형강, 원형강관)
- 현장타설 콘크리트 말뚝

(a) 기성콘크리트말뚝

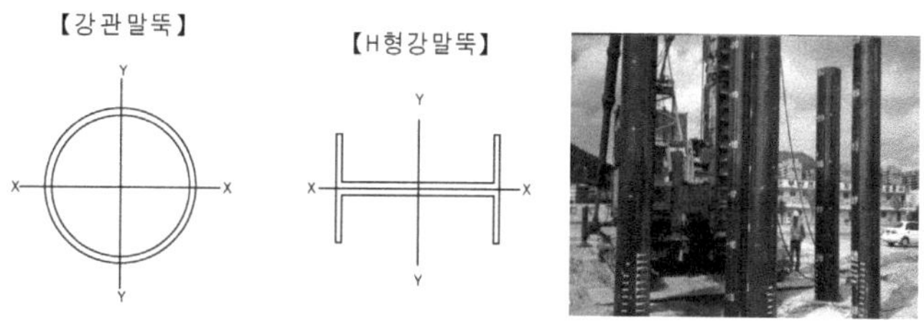

(b) 강재말뚝

그림 2-14 | 말뚝의 종류

지지방식에 따른 말뚝의 분류

- 지지 말뚝 : 상부하중을 직접 굳은 암반에 전달시키는 말뚝으로 말뚝선단 지지력이 중요
- 마찰 말뚝(Friction pile) : 지반과 말뚝 표면 간에 생기는 마찰력으로 하중 전달하는 말뚝으로 굳은 지빈이 깊거나 연약힌 지빈에 사용

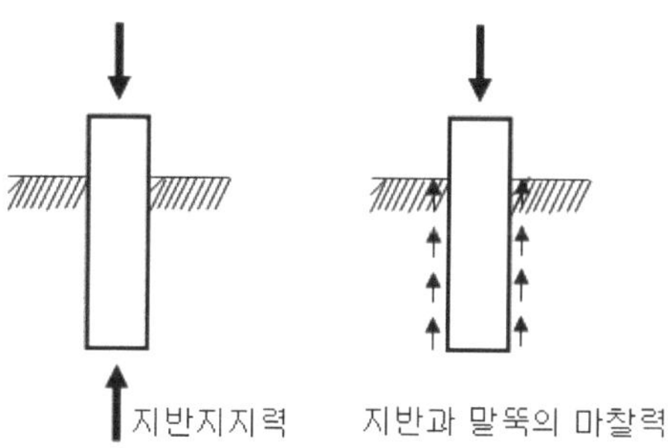

(a) 지지말뚝 (b) 마찰말뚝

그림 2-15 | 지지말뚝과 마찰말뚝

(4) 기초의 부동침하

기초구조는 지반이 안정되고 견고한 곳에 설치해야 한다. 지반에 연약층이 존재하거나 이질지반, 경사지반 등이 있을 경우 부동침하(uneven settlement)가 발생한다. 부동침하의 원인은 다양하고 복잡한 경우가 많은데, 다음의 그림은 부동침하를 유발하는 여러 원인을 정리한 것이다.

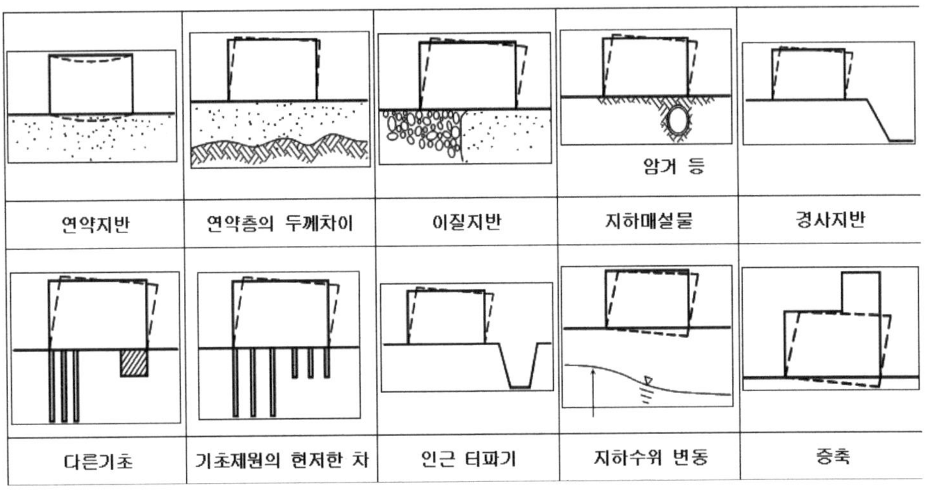

그림 2-16 | 기초의 부동침하 원인

연약한 지반에서 부동침하를 방지하려면 다음과 같은 대책이 필요하다.

기초구조

- 경질지반에 기초시공
- 말뚝지정 등으로 보강
- 지중보 등 사용
- 언더피닝

상부구조

- 건물을 경량화
- 구조물의 강성 강화
- 건물의 길이를 짧게
- 건물의 입면 및 무게의 균등화

– 지하실 설치

■ 부동침하(부등침하, uneven settlement)

– 연약층, 경사지반, 이질지정, 증축 등으로 인해 건물이 부분적으로 서로 다르게 침하하는 현상

■ 언더피닝(underpinning)

– 구조물의 기초부분을 신설, 개축 또는 증축하여 기초를 보강하는 공법

2.4.2 기둥(column)

(1) 기둥의 역할

지붕이나 슬래브의 하중을 받은 보는 이 하중을 기둥으로 전달한다. 이 기둥은 다시 하층의 기둥으로 전달하여 기초로 하중을 전달하는 수직부재이다. 또한 수직하중 이외에 보와 만나 전달받은 휨모멘트를 받는다. 또한, 바람 등의 수평으로 작용하는 하중을 부담해야 하므로 이들 모두의 하중에 안전하도록 계획해야 한다.

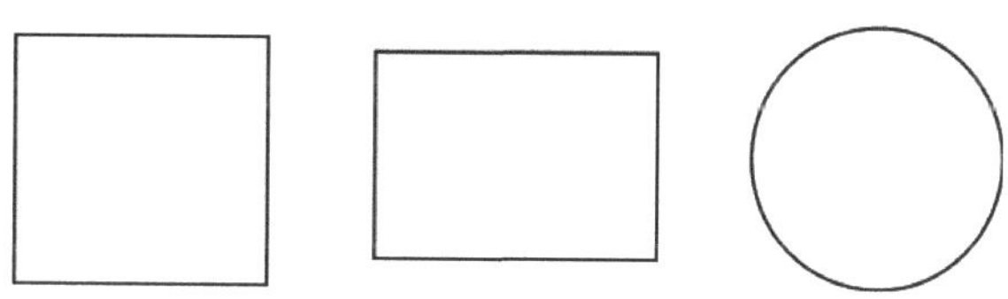

(a) 정사각형기둥　(b) 직사각형 기둥　(c) 원형기둥

그림 2–17 | 기둥의 일반적인 형상

(2) 기둥의 응력과 배치

기둥은 수직하중 이외에 휨모멘트를 받으므로 조합된 응력에 대한 검토가 필요하고, 일반적으로 보와 접합되므로 접합부에 따라 응력의 분포가 다를 수 있다.

기둥은 수직부재이므로 지진이나 바람의 영향에 대한 검토와 가새와 내진벽과의 연관성도 고려하여 배치한다. 또한 기둥은 세장한 경우 좌굴이 발생하기 쉬우므로 이를 방지하기 위한 검토와 대책이 요구된다.

기둥철근은 축방향 철근인 주근과 횡방향 보강철근(띠철근, 대근, hoop)이 배근되며 철근의 직경과 배근간격은 부담하는 응력에 따라 달라진다.

기둥은 두께와 길이의 비에 따라 좌굴(buckling)현상이 발생하는 것에 주의해야 한다. 기둥은 설치 간격에 따라 내부 공간의 크기가 결정되므로 사용할 공간의 용도에 알맞은 간격으로 기둥을 배치하여야 하며, 이를 위해 기둥의 재료, 크기 등이 결정된다.

2.4.3 벽체(wall)

(1) 벽체의 역할

벽체는 외부와 내부의 공간을 구별하는 역할을 하며 수직하중이나 바람이나 지진 등에 저항하거나 내부공간을 나누는 칸막이 역할을 한다.

내력벽(bearing wall)은 수직하중을 주로 부담하며 주로 철근콘크리트 벽체로 시공되는데 하부로 갈수록 부담하는 하중이 커지므로 벽체두께가 두꺼워진다. 벽식구조인 아파트의 경우 층고를 줄이기 위해 슬래브 하부에 보를 없애고 내력벽구조를 사용한다. 벽체는 외부벽체와 내부벽체로 구분할 수도 있으며, 외부벽체는 비, 바람, 눈 등의 자연현상에 대해서 내구적이어야 하며, 이러한 하중의 작용에 대해서도 안전해야 한다.

(2) 벽체의 구분

벽체는 건물의 공간을 구분하는 주요부재로 크게 내력벽과 비내력벽으로 구분할 수 있으며, 토목에서 흙의 토압에 저항하는 옹벽이 있다.

- **내력벽** : 하중을 부담하는 벽체로 아파트의 벽체, 계단실, 엘리베이터 등에 사용하는 벽체로 보와 기둥 없이도 건물을 세울 수 있는 구조
- **비내력벽** : 하중을 부담하지 않고 공간을 구분하거나 구획하는 칸막이 용도의 벽체로 사무실의 내부공간을 구분하는 벽체 등
- **옹벽** : 지반의 굴토 등에서 흙의 토압이나 경사면의 붕괴에 대비하여 만든 외부의 벽체나 지하층의 벽체가 해당됨

2.4.4 보

(1) 보의 역할

보는 일반적으로 바닥판과 연결되어 하부에 일정한 간격으로 설치되는 구조부재이다. 보는 부담하는 하중과 지지하는 길이(스팬)에 따라 다르지만 일반적으로 너비(폭)보다 높이(춤)를 높게 하여 하중을 많이 받도록 하고 있으며 건물의 층고에 많은 영향을 미치는 부재이다.

보는 일반적으로 휨(bending)을 받는 구조부재인데 보 부재는 수평으로 설치되고 하중은 수직적이며 아래방향으로 작용하기 때문이다.

보의 종류와 크기를 선정할 때는 사전에 설비 배관류의 크기와 설치 위치 등을 고려해야 하며 보에 구멍을 뚫거나(유공보) 보와 보 사이로 설비 덕트류 등이 설치되어 층고를 줄이기도 한다.

(2) 보의 구분

그림에서와 같이 보 중에 기둥과 기둥 사이를 연결한 보를 큰 보(girder)라 하고 기둥에 지지되지 않고 큰 보 사이를 연결하는 보를 작은 보(beam)라 한다. 보는 바닥판이 받은 하중을 지지하며 이 하중을 수직부재인 기둥 또는 벽체로 전달한다.

보의 철근은 주로 인장력에 저항하는 주근과 전단력에 저항하는 늑근(stirrup)이 있으며, 늑근은 경사균열의 발생을 방지하기 위해 설치한다.

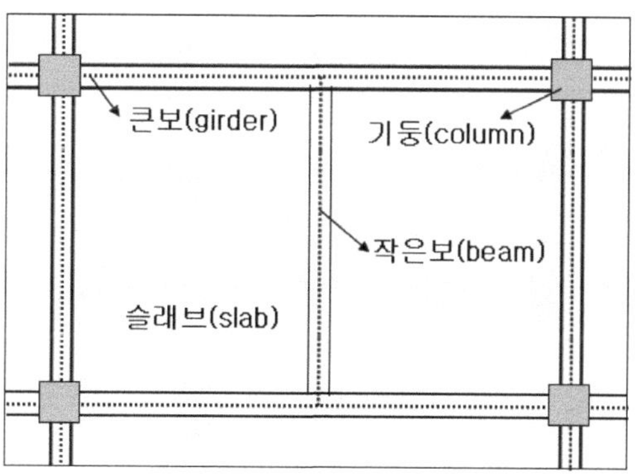

그림 2-18 | 큰보와 작은보

(3) 보의 종류

캔틸레버 보

- 한쪽만 고정시키고(고정단) 다른 끝은 돌출시켜(자유단) 그 위에 하중을 지지하도록 한 보로 자유단의 처짐이 크며 하중을 지지하기 어려우므로 길이를 고려해야 함
- 공중에 떠있는 형태의 구조물, 차양, 출입구 지붕, 아파트 발코니 등에 사용

단순지지 보

- 양단부가 자유롭게 지지된 보, 즉 보 단부의 회전이 자유롭고 보의 신축이 축방향으로 자유롭게 되도록 보의 양단부에서 지지한 보
- 단순지지 보는 하중이 가해졌을 때 양단부의 지점으로 하중을 전달함
- 벽돌 위에 설치한 철근콘크리트 보는 단순지지 보의 예

고정보

- 보의 양단부를 고정시킨 보
- 양단부가 고정되어 있으므로 처짐이 적고 하중을 많이 받을 수 있음
- 철근콘크리트 구조물에서 기둥과 기둥 사이의 보는 고정보임

연속보

- 연속보는 연속된 부재를 3개 이상의 지점으로 받친 보
- 연속된 2개 이상의 기둥을 연결하는 보는 연속보임
- 일반적으로 건물의 보는 연속보 형태임

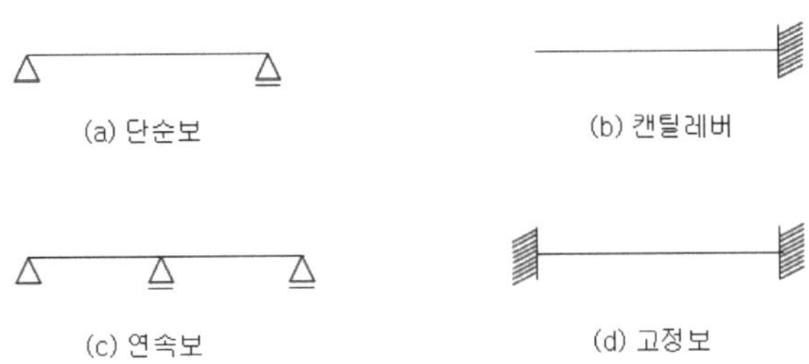

그림 2-19 | 보의 종류

보의 철근배근

- **단근보** : 인장을 받는 부분에만 철근을 배근한 보
- **복근보** : 인장, 압축을 받는 양측에 철근을 모두 배근한 보
- **T 형보** : 실제로 보는 상부에서 슬래브와 연결되어 있어 슬래브의 일부분이 보로 작용하므로 T자 모양의 보가 됨

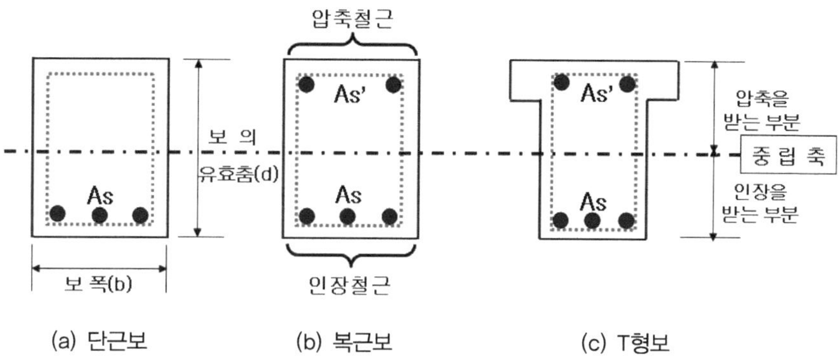

그림 2-20 | 보의 철근배근 형태

2.4.5 슬래브(slab, 바닥판)

슬래브는 바닥을 구성하여 주로 사람이 활동하고 필요한 가구나 물건이 직접 쌓여지는 부분이다. 사람과 가구류 등 구조적으로 바닥판에 실리는 수직하중을 제일 먼저 지탱하며, 이 하중을 보로 전달한다.

바닥판은 벽체와 더불어 공간을 구획하는 기본적인 부재라고 할 수 있으며, 지진하중 등의 수평방향의 하중이 작용할 때 자체적으로 변형이 없도록 하는 큰 강성을 가진 판의 역할을 한다. 바닥판은 보통 얇은 두께(150, 200mm 등)로 형성되며 보통 하중은 먼저 바닥판에 작용한다.

구조적으로 바닥판 하부는 천장이 되며, 바닥판 하부에는 조명 및 각종 설비의 설치하는 공간으로 사용되고 천장재를 사용하여 마무리한다. 그러므로 바닥은 강성, 차음성, 내구성, 내화성 등이 동시에 고려되어야 한다.

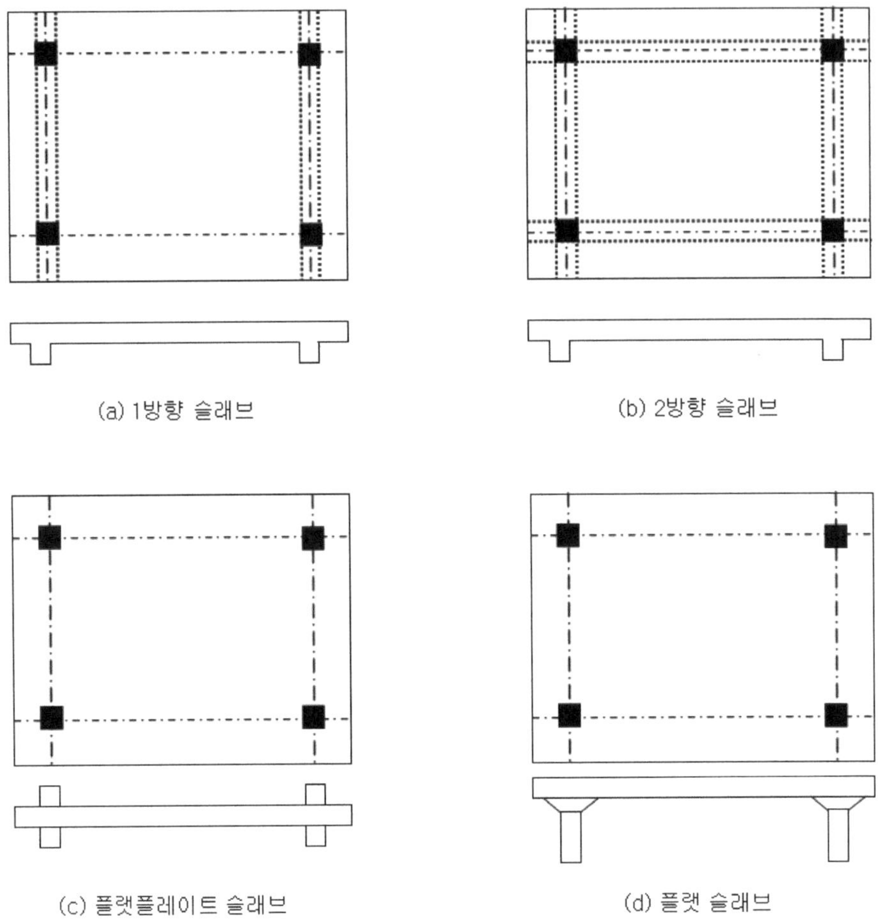

그림 2-21 | 슬래브 종류

2.4.6 계단(stair)

계단은 상부층과 하부층을 연결하는 통로이며 계단의 수평바닥을 디딤판이라 하고 수직면을 챌판이라고 하며 중간층에 계단참을 두기도 한다.

계단은 건물의 용도에 따라 사람들의 피난과 안전을 위해 적절한 경사, 폭 및 설치 개수 등을 법규로 규정하고 있다.

2.4.7 지붕(roof)

지붕은 외부의 바람, 눈, 비를 막아주고 외부하중에 대해 안전하게 지탱하는 역할을 하며, 여름에는 태양열을 차단하고 겨울에는 찬바람과 눈을 막아주는 역할을 한다.

그러므로 지붕재는 물을 차단하고 바람과 태양을 차단하는데 적절하도록 재료로 선정해야 한다. 눈이나 비가 많이 오는 지역은 지붕에 경사를 둔 경사지붕을 만들어 눈이나 비가 바로 떨어지도록 한다.

일반적으로 지붕 하부에는 열을 차단하기 위해 단열재를 넣거나 빈공간을 만들기도 한다.

2.5 구조물의 형상

2.5.1 아치(arch)

아치는 활 모양으로 양 끝점을 잡아서 둥글게 곡선으로 만들어 곡선을 따라 압축력이 전해지는 구조이다. 아치는 중세의 성당건축에 많이 사용되었으며 그 후 철도 및 교량에 사용되었다.

아치는 가구식 구조로 해결하지 못했던 넓은 공간을 만들 수 있는 길을 열었으며 가구식 구조의 보보다 큰 하중에도 견딜 수 있는 구조이다.

예로부터 벽돌이나 돌로서 건물의 개구부나 출입구, 교량 등에 많이 사용하였는데, 이것은 아치에 사용된 부재가 모두 압축력을 받게 되므로 압축력에 강한 벽돌, 돌 등이 이용된 것이다. 그러나 아치의 현상을 유지하기 위해서는 기초부분은 움직이지 말아야 한다.

아치를 만들 때는 먼저 아치형상의 틀을 만들어 세우고 그 위에 부재를 하나씩 쌓아 가는 방법이 이용되며 구조물을 시공하기 위해 목재틀 등이 사용되었다.

아치를 길이방향으로 연장시킨 공간을 제공하는 것이 볼트(vault)이며 로마시대부터 사용되어 왔다. 볼트는 아치를 연장시킨 반원형 볼트, 2개의 반원형 볼트를 교차시켜 만든 십자형 볼트 등이 있다.

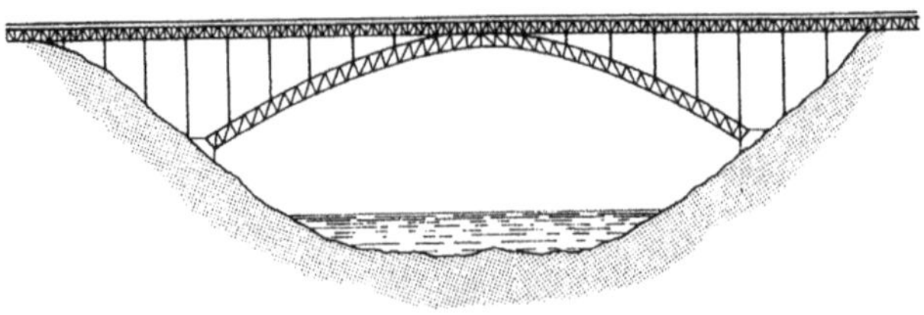

그림 2-22 | 아치교

2.5.2 돔(dome)

돔은 넓은 실내공간을 기둥 없이 만들 수 있으며 원리는 아치와 유사하다. 하중은 방사형의 돔을 통해 전달되는 구조이며 로마시대에는 대규모의 돔을 이용하여 신전건물을 축조하였다. 돔 구조는 성당건축에 자주 사용되었고 우리나라의 국회의사당 지붕에도 돔 구조물을 이용하였다.

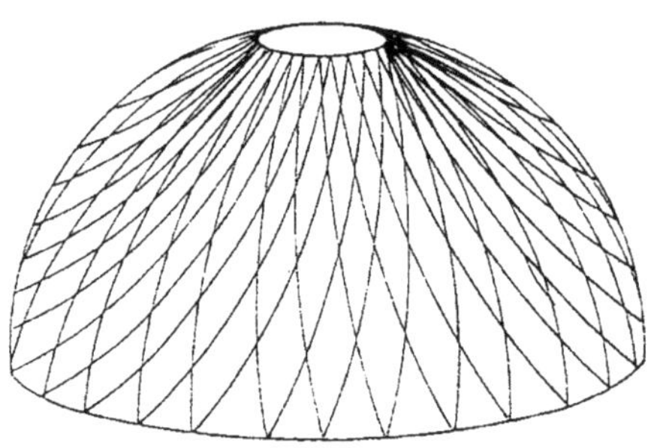

그림 2-23 | 라멜라 돔

2.5.3 쉘(shell)

쉘은 조개껍데기 모양의 얇은 두께의 막을 곡선으로 구성한 것으로 형태에 따라 다양한 구조물을 만들 수 있다. 조개껍데기가 깊은 바다 속에서 큰 수압에 잘 견디는 것은 곡면의 원리를 잘 이용한 것이다. 쉘은 곡면구조로서 원통, 타원, 포물선 형태 등을 형성할 수 있으며 하중을 고르게 분포하도록 설계되어야 하며 스팬이 큰 건물의 지붕 등에 적당하다.

시드니의 오페라하우스는 콘크리트를 사용한 아름다운 쉘구조의 전형적인 사례이다.

사진 2-1 | 시드니 오페라하우스

2.5.4 절판(folded plate)

절판구조는 판재를 접어 좁고 긴 형상으로 만들어 평편한 판상형 부재보다 더 많은 하중을 받을 수 있도록 만든 것이다. 수직하중을 받으면 판재는 휨에 대해 약한 반면 벽체는 휨에 강하다. 이 원리를 이용하여 판재를 접어서 두 부재의 장점을 살린 구조로 공장, 창고 등의 지붕 등에 많이 사용되며, 절판의 공간을 이용하여 덕트 등을 설치하는 설비공간으로도 사용된다.

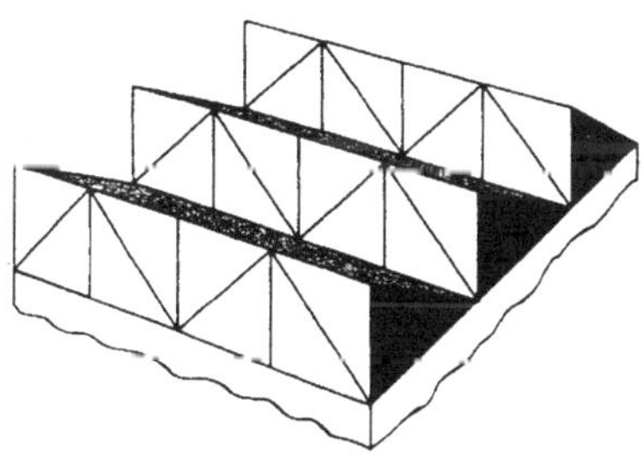

그림 2-24 | 절판구조의 지붕

2.5.5 트러스(truss)

트러스는 가는 직선부재를 삼각형 또는 사각형 등으로 양단을 마찰이 없는 힌지로 연결하여 구조부재를 형성하며 인장력과 압축력만 생기도록 한 구조이다.

체육관 지붕이나 출입구 등에 기둥 없이 넓은 면적의 공간을 만드는데 유용한 구조이다.

최근에는 트러스형태를 건물 외부에 노출시켜 안전성뿐만 아니라 구조적인 아름다움을 표현하기도 한다.

트러스를 입체적으로 연결하여 슬래브를 만든 형상을 스페이스 프레임(입체트러스, space frame)이라 하며 트러스보다 두께를 줄일 수 있어 경제성이 있다.

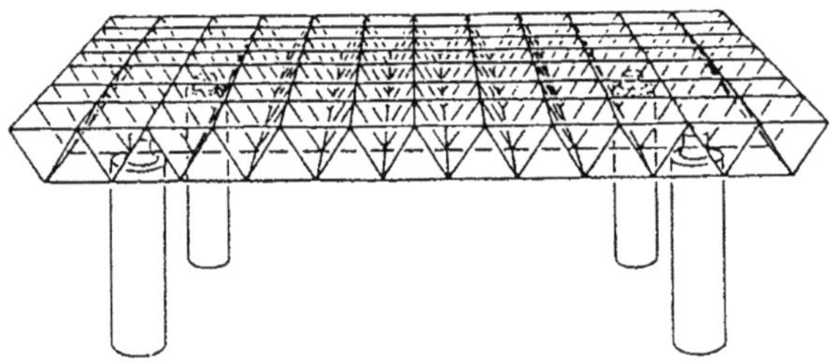

그림 2-25 | 입체 트러스

2.5.6 케이블(cable)

압축력이나 휨모멘트에 저항하지 않고 인장력만 전달하는 부재를 케이블이라 한다. 케이블은 교량 등에 많이 사용하며 선재를 사용하여 하중을 잡아당기는 형태로 만들어지며 현수교, 지붕 등에 사용된다. 재료가 가진 인장력을 이용한 구조물인 현수구조(케이블구조, 서스펜션구조)를 말하며 큰 스팬의 공간을 만들 수 있다.

강철은 높은 인장강도를 바탕으로 교량 등에서 긴 거리를 지지할 수 있는 재료이다.

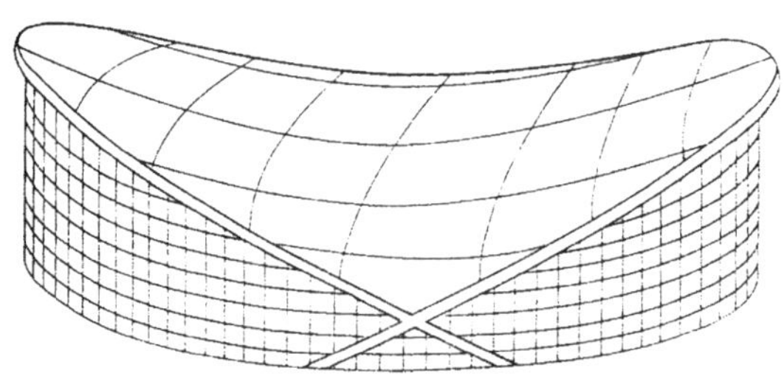

그림 2-26 | 안장모양의 케이블 지붕

2.5.7 막(membrane)

막은 얇고 유연한 판재로 만든 것으로 자중과 외력에 저항하기 용이하도록 천이나 고무 등으로 텐트와 같이 만든 구조를 막구조라 한다. 부재가 대단히 얇아서 실제로는 인장력만 작용하도록 해야 하며 압축력이 작용하면 붕괴된다. 비누거품은 가장 얇은 막구조이며 가장 매끈하고 완벽한 막구조이다.

막구조는 텐션막구조와 공기막구조로 구분할 수 있다.

공기막구조

공기의 압력 차이를 이용하여 형상을 유지하는 공기막구조는 내부에 넣은 공기가 넓은 공간을 형성하고 유지하는 역할을 한다.

텐션막구조

기둥을 세우고 여기에 막을 걸고 잡아당겨 지붕을 만드는 구조이다. 공기막구조는 일시적인 전시공간을 만드는데 활용되기도 하며, 월드컵 경기장 지붕, 텐트 등은 텐션막구조의 원리를 응용한 것이다.

사진 2-2 | 텐션막구조

2.5.8 현수구조(suspension structure)

구조물의 주요부분에 지점을 만들어 매달리는 구조로 만든 것으로 부재가 인장력을 받는 형식이다. 바다나 강 위에 배 등의 이동을 위해 또는 경기장, 공장 등에 교각이나 기둥 없이 큰 공간을 확보하는데 이 구조를 응용한다.

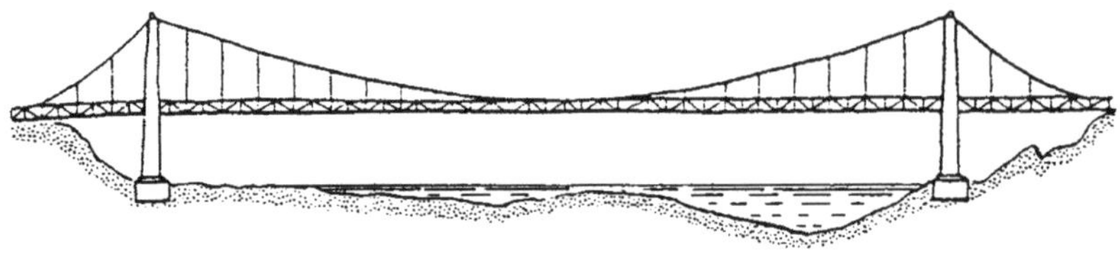

그림 2-27 | 현수교

2.6 건축물의 구조시스템

2.6.1 재료에 의한 분류

(1) 철근콘크리트 구조

철근콘크리트구조는 골재인 모래와 자갈, 결합재인 시멘트에 물을 일정한 비율로 혼합하여 만들어지는 콘크리트를 보강재인 철근이 배근되어 있는 일정한 틀 속(거푸집)에 부어 시간이 경과하면서 원하는 형상을 만들어내는 구조이다. 즉 철근콘크리트 구조는 부재를 만드는데 거푸집을 이용하여 철근을 배근하고 콘크리트를 타설하여 구조체를 일체로 만드는 것이다.

철근은 공장에서 생산되어 완제품으로 현장에 반입되며 구조물에 맞게 절단 및 가공과정을 거쳐 사용할 수 있는 반면 반제품인 콘크리트는 시멘트에 물이 첨가되어야 화학반응(수화반응)이 일어나며 일정시간 이 반응이 잘 일어나도록 적정한 온도와 습도를 맞추는 양생과정을 거쳐야 튼튼한 콘크리트를 얻을 수 있다.

철근콘크리트 구조는 철근이 인장력에 강하고 콘크리트가 압축력에 강한 장점을 결합시켜 탄생한 구조이며, 철근을 콘크리트가 감싸므로 부착력이 좋고 철근이 녹슬고, 불에 약한 것을 방지하는 등 장점이 많은 구조로 현재에도 가장 많이 사용하고 있는 구조이다.

그러나 철근콘크리트 구조는 물을 사용하고 거푸집이라는 틀(mould)이 필요하며 강도를 발휘하는데 시간이 걸린다는 단점이 있다.

콘크리트는 여러 가지 성질 중에 압축강도가 가장 중요하며, 수분이 증발하면서 건조수축 및 균열현상 등이 유발되기 쉬우므로 타설 후부터 굳기까지의 양생과정 기간에 주의를 기울여야 한다.

철근은 보강재로 사용되므로 인장강도가 중요하며 부재의 종류와 형상에 따른 가공 조립, 철근의 배근간격, 이음 및 정착길이, 피복두께의 확보에 주의를 기울여야 한다.

사진 2-3 | 철근콘크리트 구조

(2) 철골구조

철골구조는 공장에서 생산한 철골부재, 즉 형강, 강판, 강관 등의 강재를 볼트와 용접 등으로 부재를 서로 연결하여 구조물을 완성하는 구조이다. 공장에서 기둥 및 보 부재를 만들고 운반하여 현장에서 부재를 서로 조립하는 과정을 거친다.

일반적으로 구조용으로는 H형강이 사용되고 있으며, 강재는 강도와 인성이 다른 재료에 비해 우수하여 구조물의 무게를 가볍게 할 수 있어 자중을 줄일 수 있는 장점이 있다. 또한 콘크리트와 달리 공장에서 제작하여 현장으로 운반하여 조립하므로 콘크리트와 같이 경화하는데 시간이 소요되지 않으므로 공사기간을 단축할 수 있다.

철골공사는 제철소에서 생산된 원자재를 사용하여 철골공장에서 건물의 형태에 맞게 가공하고 조립한 후 현장으로 운반하여 설치한다. 철골구조는 강도가 커서 고층건물과 장스팬의 건물에 많이 사용하고 있다. 그러나 화재 시 강도가 약해지고 습기에 노출되면 녹이 발생하므로 표면을 피복하는 별도의 공사가 필요하다.

철골구조는 재료의 강도가 커서 고층 건물의 구조체로 사용되며 원자재인 철골부재를 생산공장에서 인수하여 가공공장에서 설계도면대로 가공 및 조립하게 된다. 가공 조립된 철골부재는 검사를 실시하여 이상이 없으면 설치할 현장으로 운반하여 장비를 활용하여 건립한다. 철골구조는 기둥과 보, 큰 보와 작은 보 등이 만나는 접합부의 강성이 크고 부재에 전달되는 하중에 대해 안전해야 한다.

부재접합은 리벳, 보통볼트, 고력볼트 및 용접으로 구분할 수 있으며, 리벳과 볼트는 경미한 구조에만 사용되며 일반건물에서는 고력볼트 및 용접방법을 사용한다. 현장에서는 부재간의 접합에 고력볼트가 많이 사용되는 추세이다.

철골구조는 불에 약하므로 내화건물로 만들기 위해 화재로 인한 열에 일정시간 견디고 강도저하 및 건물붕괴를 방지하기 위해 철골표면을 피복해야 하는데 이러한 공사를 내화피복이라 한다.

사진 2-4 | 철골구조

철골구조의 장 · 단점은 다음과 같다.

- **장점** : 강도가 크고, 건물의 무게를 줄일 수 있으며, 품질이 균일하고 시공이 용이함
- **단점** : 불과 습기에 약해 차단이 필요하고, 좌굴현상이 발생하기 용이함

슬래브

철골구조에서 슬래브는 보통 철상판인 데크플레이트(deck plate)를 보 위에 설치하고 철근을 배근하여 콘크리트를 타설하는 방법으로 시공한다. 또는 데크플레이트 위에 주근을 트러스 형태로 부착(페로데크 등)하고 현장에서는 부근(온도근)만을 배근하여 콘크리트를 타설하는 방법이 사용된다.

대부분의 데크플레이트는 거푸집의 역할과 구조재로 동시에 사용되며 거푸집을 받쳐주는 받침기둥 등의 설치가 필요 없으므로 일반 거푸집을 설치하는 경우보다 공사기간이 많이 단축되는 장점이 있다.

기둥

철골기둥은 주로 단일형강으로 H형강기둥을 사용하며 강관기둥이나 각관기둥도 사용되고 있다. 때에 따라서는 2~4개를 조립하여 사용하기도 하며 이를 조립기둥이라 한다. 철골기둥은 단부의 구속조건에 따라 좌굴이 발생하기도 한다.

보

철골보는 형상에 따라 단일 형강을 사용한 단일보와 단일 형강재와 강판을 서로 조합하여 만든 조립보가 있다. 조립보는 판보, 격자보, 래티스보, 트러스보, 하니컴보 등으로 분류할 수 있다.

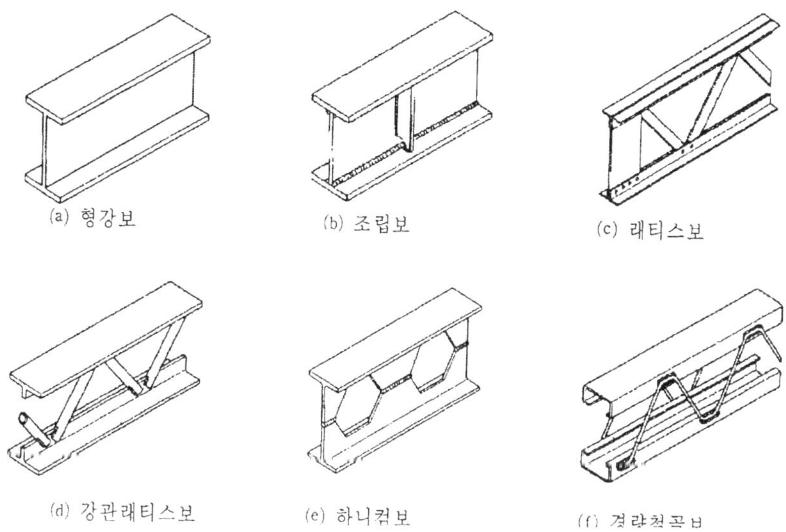

그림 2-28 | 철골보의 종류

(3) 철골 · 철근콘크리트구조

철골 · 철근콘크리트구조는 철골부재 주위로 철근을 배근하고 거푸집을 설치한 후 콘크리트를 타설하여 철골과 철근콘크리트를 일체로 만드는 구조이다.

장스팬이나 고층건물에 사용하는 구조로 두 구조의 장점을 살린 구조이다. 주요 부재의 단면을 작게 할 수 있고 바람이나 지진하중 등의 저항에 우수하며 강재의 좌굴현상이 없고 콘크리트로 피복되어 내화성이 우수하고 강성이 크다.

이 구조는 철근콘크리트구조만을 사용할 경우 부재의 크기가 커지고 철골만을 사용할 경우 강도는 크지만 내화피복 공사를 추가로 해야 하는 번거로움을 피할 수 있는 장점이 있다.

건물의 규모와 하중 등을 고려하여 철골부재 및 철근량을 조절하여 사용할 수 있으며 일반 건물의 지하층 구조체에 많이 사용하고 있다.

그러나 공사비가 다소 많이 들고 자중이 증가하며 철근배근 작업이 복잡하고 공사기간이 길어지는 단점이 있다.

철골 · 철근콘크리트구조의 장 · 단점은 다음과 같다.

- **장점** : 강성이 크고, 부재의 좌굴 방지, 내화성 및 내구성 우수
- **단점** : 작업량이 많고 어려움, 공사기간 및 공사비의 증가

기둥

철골과 철근을 배치하고 콘크리트를 타설하여 만든 기둥을 합성기둥이라 하며, 철골, 철근 및 콘크리트 재료가 일체성을 확보할 때 힘을 발휘할 수 있다.

보

철골과 철근을 배근하여 콘크리트를 타설한 보를 합성보라고 하며, 기둥과 마찬가지로 철골과 철근, 콘크리트가 일체성을 확보해야 한다.

(4) 목구조

주요 구조체에 목재를 사용한 구조를 말하며 형식에 따라 가구식 구조, 경골구조, 판식구조 등으로 구분한다. 가구식 구조는 가장 일반적인 방법으로 기둥과 보를 형성하여 마감하는 것이며, 경골구조는 2″ × 4″ 크기의 직사각형 단면을 가진 목재를 사용한 것이고, 판식구조는 패널을 뼈대에 붙여서 마감한 방식이다.

(5) 벽돌구조

벽돌구조는 벽돌을 시멘트 모르타르로 쌓아 벽체를 만드는 구조이다. 바닥과 지붕은 철근콘크리트조로 하는 경우가 많다.

(6) 블록구조

블록구조는 블록을 시멘트 모르타르 또는 콘크리트로 쌓아 벽체를 만드는 것이며 블록의

빈 공간에 철근을 배근하여 내력을 크게 한 보강블록조가 있다.

(7) 돌구조

돌구조는 돌을 사용하여 벽체를 만든 것이다. 벽체를 순수 돌구조로 하는 경우보다는 철근콘크리트 벽체나 벽돌벽 등의 외부에 돌을 사용하는 경우가 많다.

2.6.2 구성방법에 의한 분류

(1) 조적식 구조

조적식 구조는 작은 단위부재를 접합재로 하나씩 쌓거나 붙여서 건물을 구성하는 방법이다. 조적재의 재료는 벽돌, 블록 및 석재 등이며 부재의 접합에는 주로 시멘트모르타르가 사용된다.

조적식 구조는 이집트 피라미드, 중국의 만리장성 등 예로부터 많이 사용되어 왔는데 단위재료가 작아서 다루기가 용이한 장점이 있다.

그러나 조적조로 벽을 세울 경우 벽두께가 두꺼워져 내부공간이 좁아지고 넓은 공간을 만드는데 제약이 많다는 것이다.

또한 지진 등의 수평하중에 약점이 있으므로 쌓기 높이 및 건물의 층수에도 제약을 받는다.

벽돌은 보통벽돌, 시멘트벽돌, 경량벽돌, 내화벽돌, 포도벽돌 등으로 구분할 수 있으며, 벽돌과 벽돌 사이 줄눈을 접합재로 채워 넣으면서 벽돌을 쌓는다. 줄눈은 막힌줄눈, 통줄눈, 치장줄눈 등이 있으며, 줄눈에 채워지는 접합재로는 보통 시멘트모르타르가 사용되고 벽돌을 고정시키는 역할을 한다.

이 구조체의 강도는 부재와 접합재의 접착력에 의해 좌우되므로 특히 접합재의 선정과 관리에 주의를 기울여야 한다.

조적조는 내화성, 차음성 등이 우수하지만 장스팬의 건물이나 고층건물의 구조방식으로는 적합하지 않다. 그러므로 건물의 비내력벽으로 사용되는 경우가 많으며 구조용으로 사용할 경우 수평력, 지진력에 대한 저항성이 떨어지므로 저층의 구조체에 사용된다. 이러한 단점을 보완하기 위해 철근을 배근하여 보강한 구조를 사용하기도 한다.

(2) 가구식 구조

가늘고 긴부재를 가로와 세로로 맞추어 만드는 구조로 기둥과 보를 이용하여 공간을 형성하는 방법이다. 이 구조는 슬래브, 보, 기둥으로 하중이 전달되며 철골구조와 목구조가 대표적인 가구식 구조이다.

부재의 접합방법에 따라 건축물의 강성과 강도에 영향을 미치므로 적절한 접합방법을 선택해야 한다. 목구조는 오랜 역사를 가진 구조방식으로 천연재료를 사용하므로 자연친화적이고 따뜻한 느낌을 주며 궁궐건축, 사찰건축 등 전통 한옥건축에 많이 사용하여 왔으며 최근에는 친환경 건축의 영향으로 전원주택 등에 사용되고 있다.

가구식 구조는 수직하중, 횡력에는 강하나 지진 등의 진동하중에는 약한 구조이므로 구조설계 시에 이를 고려해야 한다.

가구식 구조가 사용된 시기는 아주 오래 전의 일로 그리스와 이집트의 신전 건축, 중국과 한국의 전통사찰 건축은 물론 오늘에 이르기까지 많이 사용되고 있다.

과거의 가구식 구조에 사용된 재료가 석재와 목재였다면 최근에는 철골부재를 주로 사용한다.

(3) 일체식 구조

구조부재 간에 연속성이 있도록 틀(거푸집)을 만들어 그 속에 물질을 넣고 경화시키거나 부재간의 접합을 강접합으로 일체로 만드는 방법이다.

현장에서 거푸집을 설치하고 철근을 배근하여 콘크리트를 타설하여 만드는 철근콘크리트 구조가 대표적인 일체식 구조이다. 슬래브, 보와 기둥의 콘크리트를 한 번에 타설하여 경화시키므로 구조부재가 일체화되고 큰 힘을 발휘할 수 있으며 내진에도 강한 구조이다.

이 밖에 철골부재 주변에 철근을 배근하여 콘크리트를 타설하여 만든 철골철근콘크리트 구조도 대표적인 일체식 구조이다.

일체식 구조는 거푸집을 제작하여 원하는 형상으로 만들 수 있고 튼튼한 구조라는 장점이 있는 반면 철과 콘크리트라는 무거운 재료를 사용하여 자체의 무게가 많이 나간다는 약점이 있다.

(4) 조립식 구조

콘크리트를 사용하는 구조의 불리한 점은 콘크리트가 경화하는데 일정한 시간과 온도, 습도가 필요하다는 것이다. 특히 온도와 습도의 조절은 현장의 경우처럼 자연상태에서는 어려우며 공사의 진행도 날씨의 영향을 많이 받는다.

이러한 문제점을 해결할 수 있는 방법으로 구조부재를 공장에서 생산, 가공 또는 조립하여 만들고 현장으로 운반해서 부재를 설치하는 방법이 사용되는데, 이 방법을 프리패브(prefab) 방식이라고 한다.

이 방식은 부재의 공장생산으로 품질향상, 원가절감 등을 기대할 수 있으며, 공기단축이 가능하다. 그러나 부재의 형상이 단조롭고 부재간의 접합부 처리 등이 문제가 되고 있다. 프리패브 방식은 공장에서 전부 또는 대부분의 부재를 생산하여 현장에서 장비를 이용하여 조립하는 프리캐스트(precast)콘크리트 구조가 주로 사용된다. 대표적인 경우가 조립식 아파트를 들 수 있으며 기둥, 보, 벽체, 계단 등을 공장에서 미리 생산하여 현장으로 운반 후 주로 장비를 이용하여 부재를 설치하고 부재간의 접합부만을 현장에서 콘크리트를 타설하여 연결하는 방법이 사용되고 있다. 이 경우 부재가 서로 만나는 접합부의 일체성 확보와 방수성능 확보 등이 매우 중요하다.

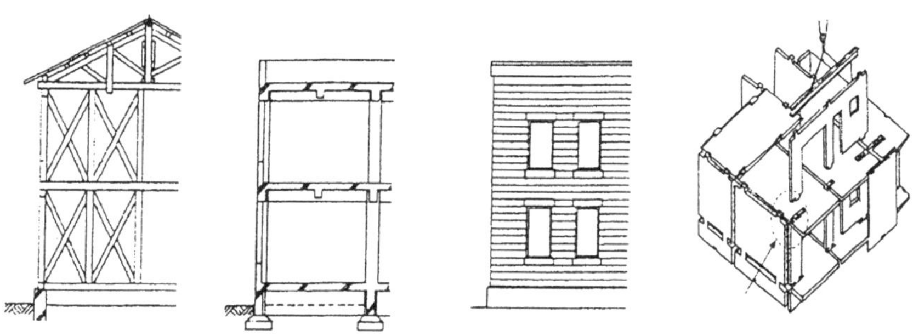

(a) 가구식 (b) 일체식 (c) 조적식 (d) 조립식

그림 2-29 | 구성방법에 의한 분류

2.6.3 시공방법에 의한 분류

(1) 습식구조

시공과정에서 물을 사용하는 것으로 주로 철근콘크리트조와 같은 일체식 구조나 조적식 구조가 습식구조에 해당되며, 일반적으로 건식구조에 비해 튼튼하지만 물을 사용하므로 공사 기간이 길고 동절기 등은 공사를 중단해야 하는 단점이 있다.

(2) 건식구조

물을 사용하지 않는 조립식 및 가구식구조 등이 건식구조이며 공기가 단축되고 습식구조에 비해 기후의 영향을 덜 받는다.

2.6.4 초고층 구조

(1) 초고층의 개념

초고층 건물에 대한 정의는 층수나 높이 등으로 정확히 규정하고 있지 않다. 다만 50층 이상의 건물을 초고층으로 분류하기도 하며 특히 수평하중에 대한 저항성을 확보해야 하는 구조물로 고려하기도 한다.

초고층 건물은 지진, 풍하중의 횡력에 저항하기 위해 흔들림과 제어시설 등을 갖춰야 한다. 현재와 같은 초고층 건물을 가능하게 한 것은 강재의 출현일 것이다.

(2) 초고층 건축물 현황

미국

- 1885년 미국 시카고 Home Insurance 빌딩, 60m
- 1930년 미국 뉴욕 크라이슬러 빌딩(Chrysler Building), 77층 319m
- 1931년 미국 뉴욕 엠파이어스테이트 빌딩(Empire State Building), 102층 381m
- 1969년 미국 시카고 존 핸콕센터(John Hancock Center), 100층 344m
- 1973년 미국 뉴욕 세계무역센터(World Trade Center), 110층 415m, 417m
- 1974년 미국 시카고 시어스타워(Sears Tower), 110층 443m

아시아 및 기타

- 1989년 홍콩 중국은행(Bank of China), 70층 367m
- 1992년 홍콩 센트럴 플라자(Central Plaza), 78층 374m
- 1993년 일본 요코하마 랜드마크 타워(Land Mark Tower), 70층 296m
- 1995년 북한 평양 평양호텔(Pyongyang Hotel), 105층 300m
- 1998년 말레이시아 쿠알라룸푸르 페트로나스 타워(Petronas Twin Tower), 92층 452m

- 1998년 중국 상해 진마오 타워(Jin Mao Tower), 88층 421m
- 1998년 태국 방콕 바이욕 타워(Baiyoke Tower), 90층 320m
- 2001년 말레이시아 쿠알라룸푸르 텔레콤 말레이시아 뉴HQ빌딩, 77층 319m
- 2004년 대만 타이페이 101, 101층 509m
- 2010년 아랍에미리트 두바이 빌딩(Dubai Building), 162층 828m(현존 최고높이의 건물)

우리나라

- 1985년 서울 여의도 63빌딩, 60층 249m,
- 1988년 서울 삼성동 무역센터 빌딩, 55층 228m
- 2000년 서울 역삼동 스타타워, 45층 204m
- 2003년 서울 도곡동 타워팰리스, 69층 264m
- 2003년 서울 목동 하이페리온, 69층 256m
- 2010년 부산 롯데월드 107층 465m(예정)
- 2007~2012년 송도 인천타워, 151층, 610m(예정)
- 2007~2013년 용산 랜드마크 타워, 150층, 620m(예정)
- 2010~2014년 서울 잠실 제2롯데월드, 123층 555m(예정)
- 2010~ 서울 성수동 서울숲 글로벌비지니스센터, 110층 540m(예정)

엠파이어스테이트빌딩

페트로나스타워

타이페이 101

평양 유경호텔

버즈 두바이

제2롯데월드 글로벌비지니스센터

사진 2-5 | 초고층건물의 사례

(3) 초고층의 구조시스템

골조시스템

- 보와 기둥을 강접합하여 하중에 저항하는 구조
- 층수가 높아지면 단면이 커져서 비경제적임

골조 · 전단벽시스템

- 보와 기둥을 강접합한 모멘트 골조와 전단벽으로 하중에 저항하는 구조
- 하부는 전단벽으로 상부는 골조의 강성을 크게 하는 것이 효율적임

튜브구조시스템

- 외주부에 있는 기둥의 간격을 좁게 배열하고 이 기둥을 춤이 높은 보로 접합하는 구조
- 건물의 외주부가 벽과 같이 거동하는 구조시스템
- 종류로 골조튜브, 가새튜브, 묶음튜브, 다중튜브 등

아웃리거 구조시스템

- 코어를 외주 기둥에 보로 연결하고 외부를 벽으로 연결하여 모든 기둥이 일체로 거동하도록 한 구조
- 전단력은 코어 벽체 · 가대부분 부담

슈퍼구조시스템

- 대형 규모의 기둥과 보, 가새 등을 이용하여 하중을 지탱하는 구조
- 슈퍼거더 등을 몇 개의 층 간격으로 설치

제 3 장

건축재료

3 건축재료

3.1 개 요

3.1.1 건축재료의 발달

원시시대에는 자연환경의 재해와 외부의 침입으로부터 보호받기 위해 동굴 등을 은신처로 삼아 사용하다가, 자연상태에서 쉽게 구할 수 있는 천연재료를 이용하여 생활할 수 있는 거주공간을 만든 것이 건축물에 재료를 사용한 시초라고 할 수 있다.

도구의 사용과 발전으로 천연재료를 가공하는 기술이 발전하였고 산업혁명 이후 제조기계 설비의 발달에 따라 인공재료의 대량생산으로 다양한 재료가 생산되었다. 최근에는 기계와 컴퓨터의 활용으로 정밀한 고품질의 재료가 대량으로 생산되고 있는 추세이다.

기계화, 기능인력의 부족, 공장생산 제품의 증가, 장비활용 증가 등으로 인력과 현장생산에 의존하기보다는 기계를 사용하여 공장에서 생산하고 현장에서는 조립만 하는 프리패브(prefab)공법, 기계화 시공 등이 등장하게 되었으며 이에 따라 생산기계와 시공장비가 발달하게 되었다.

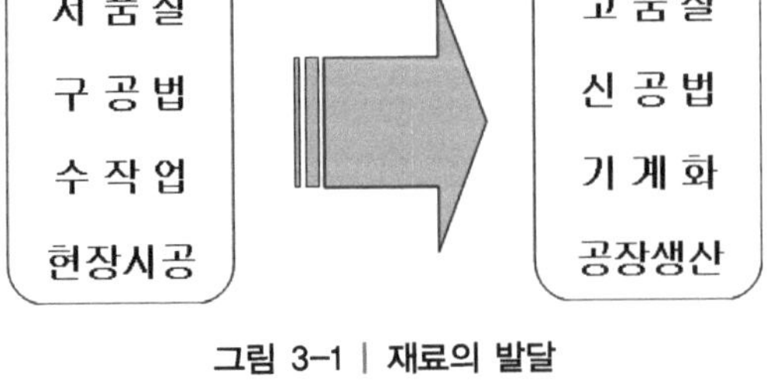

그림 3-1 | 재료의 발달

3.1.2 건축재료의 선정

건축재료는 건축물을 짓는데 사용되는 모든 재료를 말하며, 건축물의 골조(뼈대)를 만드는 재료에서부터 건물을 치장하는 마감재료 등으로 구분할 수 있다. 건축물의 각 부위, 즉 기초, 기둥, 벽체, 바닥판, 계단, 지붕에 사용되는 재료로도 구별할 수 있다.

건축재료를 선택할 때는 한국산업규격(KS, Korean Industrial Standard)에서 규정한 품질을 고려하고, 건축공사표준시방서의 재료에 대한 사양 및 시공방법 등을 검토하며, 건축법규 및 소방법에서 규정한 안전성 등을 고려해야 한다.

■ 건축재료

- 건축물을 각 부위, 즉 지정, 기초, 기둥, 벽체, 보, 슬래브, 지붕 등에 사용되어 건축물을 구성하는데 필요한 재료의 총칭

건축재료를 선정할 때는 재료에 요구되는 성능, 시공조건 및 디자인 조건에 적합해야 하는데 예를 들면 요구되는 성능에 적합한 몇 개의 재료를 선정하고 가격조건, 시공성 및 디자인을 종합적으로 고려하여 최적의 재료를 선정하는 것이다.

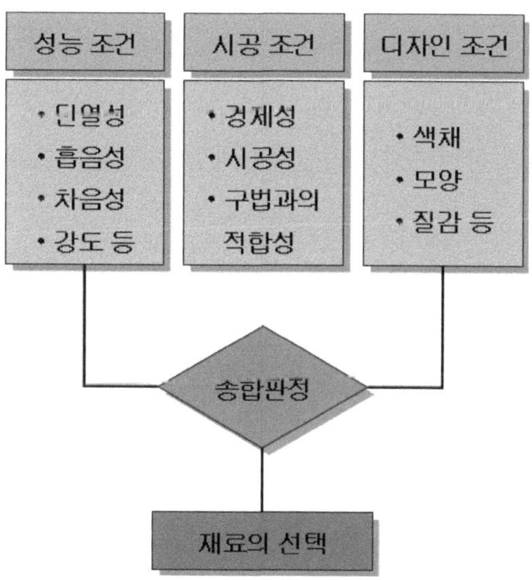

그림 3-2 | 건축재료의 선정

3.2 건축재료의 분류

건축재료는 건축물의 뼈대(골조)를 세우는데 필요한 구조재료와 구조체 위에 기능성, 내구성, 의장적 효과 등을 위해 마무리하는 데 사용하는 마감재로 크게 대별할 수 있으며 여기에는 수많은 재료가 포함된다.

이러한 재료를 제조방법, 사용목적, 화학적 조성, 건축부위 등에 따라 다음과 같이 구분할 수 있다.

(1) 제조(생산방법)에 따른 분류

- 천연재료(자연재료) : 자연에서 구할 수 있는 재료(흙, 목재, 석재 등)
- 인공재료(공업재료, 가공재료) : 자연재료를 가공하여 만든 재료(콘크리트, 강재, 타일, 합판, 시멘트 등)

(2) 사용목적에 따른 분류

- 구조재료 : 건축물의 골조(뼈대)를 만드는 데 사용하는 재료(기초, 기둥, 벽체 등에 사용하는 재료로 목재, 콘크리트, 철근, 철골부재 등)
- 마감재료 : 건축물을 치장하는 데 사용하는 재료(바닥의 마루판, 벽체의 페인트, 벽체의 유리창, 천장의 텍스, 화장실 타일 등)
- 차단재료 : 물, 습기, 열, 소리 등을 차단하는 데 사용하는 재료, 즉 방수, 방습, 차음 및 단열을 목적으로 하는 재료(화장실의 액체방수, 천장의 스티로폼, 창호의 이중유리(페어글라스) 등)
- 방화 및 내화재료 : 화재연소 방지 및 내화성 향상을 목적으로 하는 재료, 불에 잘 견디고 불에 잘 타지 않는 목적으로 사용하는 재료(출입문을 방화문으로 제작, 내부벽체에 불에 타지 않는 석면판 사용 등)

(3) 화학조성에 따른 분류

무기재료

- 비금속재(흙, 돌, 벽돌, 유리, 타일, 콘크리트, 도자기 등)
- 금속재(철강, 철근, 알루미늄, 동, 아연, 합금류 등)

유기재료

- 천연재료(목재, 대나무, 섬유판, 아스팔트 등)
- 합성수지(플라스틱, 실링재, 접착제, 페인트 등)

(4) 건물 부위에 의한 분류

- 구조체, 지붕, 바닥, 벽체(내벽, 외벽), 천장, 계단

3.3 건축재료의 요구성능

건축재료에 요구되는 성질은 그 재료가 사용되는 부위와 용도에 따라 다양하며, 요구를 맞추기 위해 재료의 성질을 잘 이해해야 하며 여러 재료의 조합으로 목적을 달성하기도 한다. 그러나 모든 요구성능을 만족하는 재료는 실제로 구하기 어렵기 때문에 성능의 보완이 필요하면 재료를 조합하여 사용하거나 시공방법 등을 변경하여 필요한 성능에 가깝도록 한다.

표 2-5 | 건축재료의 요구성능

<table>
<tr><th>성질
재료</th><th>역학적
성능</th><th>물리적
성능</th><th>내구
성능</th><th>화학적
성능</th><th>방화 · 내화
성능</th><th>감각적
성능</th><th>생산
성능</th></tr>
<tr><td>구조재료</td><td>강도, 인성
탄성계수
변형, 크리프
피로강도</td><td>비중
경도
비수축성</td><td rowspan="2">산 화
열 화
풍 화
충 해
변 질
부 패</td><td rowspan="2">방 청
부 식
중성화</td><td>불연성
내열성</td><td></td><td rowspan="4">자 원
가공성
생산성
시공성
공 해
운 반
재활용</td></tr>
<tr><td>마감재료</td><td></td><td>열, 음, 광
투과와 반사</td><td rowspan="2">비발연성
비유독가스</td><td>색채, 오염
명도, 촉감</td></tr>
<tr><td>차단재료</td><td></td><td>열, 음, 광
수분차단</td><td></td><td></td><td></td></tr>
<tr><td>내화재료</td><td>고온강도
고온변형</td><td>고융점</td><td></td><td>화학적
안정</td><td>불연성</td><td></td></tr>
</table>

3.4 건축재료의 물리적 성질

(1) 비중

어떤 물질의 단위용적당 무게를 표준물질의 단위용적당 무게와 대비하여 나타내는 것으로 4℃의 물을 표준물질로 삼고 표준물질의 비중을 1로 하여 다른 물질의 비중을 표현한다. 예를 들면 콘크리트의 비중은 2.3, 철의 비중은 7.85인데, 이 의미는 같은 용적(부피)의 무게를 달았을 때 콘크리트가 4℃의 물보다 2.3배 무겁다는 것이다. 진비중은 재료 속에 포함된 공극이나 수분을 제외한 실질적인 비중을 말하며 겉보기비중은 재료 속의 수분과 공극을 포함한 비중을 말한다.

(2) 함수율과 흡수율

재료 속에 포함된 수분의 함량을 완전 건조시킨 재료의 중량으로 나눈 백분율이 함수율이며, 완전 건조된 재료의 함수율은 0이다. 흡수율은 재료를 일정시간 동안 물속에 넣은 후의 중량과 건조되었을 때의 중량의 비율을 말하며 중량백분율로 표시한다.

(3) 비열

무게 1g의 재료의 온도를 1℃ 올리는데 필요한 열량을 비열(cal/g · ℃)이라 하고, 열용량은 재료에 축적되는 열용량으로 비열×재료의 중량으로 표현할 수 있다.

(4) 열팽창계수(율)

재료가 온도의 변화로 인하여 팽창하고 수축하는 비율을 말하며, 거리의 변화는 선팽창률로 부피의 변화는 체적팽창률로 표현된다.

(5) 열전도율

단위두께를 가진 재료의 상대하는 두 면에 단위 온도차를 주었을 때 단위시간당 흐르는 열량(kcal/m · h · ℃)을 말하며 열전도율은 재료의 단열성을 나타낸다. 단열성이 높은 재료를 단열재라고 한다.

(6) 연화점, 인화점 및 발화점

재료에 열을 가했을 때 물러지기 시작하여 액체로 되는 상태를 연화상태라 하고 일정한 조건에 맞게 무른 상태를 연화점이라 한다. 다시 열을 가하여 열분해를 일으켜 증발가스가 발생하여 불에 닿으면 인화하는데 이 온도를 인화점이라 한다. 그리고 재료가 가열에 의해 자연 발화하는 온도를 발화점(착화점)이라 한다.

(7) 흡음률과 차음도

흡음률은 재료에 입사한 음의 에너지가 재료에 흡수되거나 투과되는 에너지의 비율을 흡음률이라 하고 흡음성능이 높은 재료를 흡음재라고 한다.

차음도는 재료에 입사한 음의 에너지가 재료의 반대편에서 얼마나 약해지는지의 정도를 나타내며 차음성이 높은 재료를 차음재라고 한다.

(8) 투과율과 반사율

빛의 투과율은 입사에너지와 투과에너지의 비로서 광선이 채광재료를 얼마나 투과하느냐의 정도를 나타내며, 투과율은 재료표면의 평활도, 두께, 가시광선, 적외선 및 자외선 파장 등에 따라 달라진다. 반사율은 재료에 입사하는 광속에너지에 대해 반사하는 광속에너지의 백분율로 표시한다. 투명한 재료에서는 투과율로 불투명한 재료에서는 반사율로 재료의 성질을 표현한다.

3.5 주요 구조재료

3.5.1 개 요

구조재료는 건축물의 뼈대인 구조체를 형성하는 데 사용하는 재료이며, 건물의 자중 및 외부의 힘에 대항해야 하므로 튼튼한 재료를 선택하고 지속적으로 가볍고 강한 구조재료에 대한 연구가 이루어지고 있다.

구조재료는 강도, 탄성 등의 역학적 기본성질을 가져야 하며, 내수성, 내열성, 내화성이 있어야 한다. 이 밖에 공급과 시공이 용이하고 가격이 저렴하여 경제적이어야 한다.

3.5.2 철근콘크리트 재료

철근콘크리트는 콘크리트와 철근의 장점을 결합시켜 만든 구조이다. 철근과 콘크리트가 일체로 결합되어 압축력은 콘크리트가 인장력은 철근이 유효하게 대응하는 장점을 살린 이상적인 구조이다.

(1) 시멘트(cement)

시멘트는 물과 접촉하면 화학반응을 일으켜 응결(setting), 경화(hardening)하며 물과 접촉하여 굳어지는 성질을 수경성이라 한다.

시멘트는 이집트 피라미드에도 사용되었을 정도로 그 역사가 오래되었으며 현재는 포틀랜드시멘트에 다른 물질을 혼합한 다양한 종류의 시멘트가 사용되고 있다.

시멘트 제조

시멘트의 주성분은 석회(CaO), 실리카(SiO_2), 알루미나(Al_2O_3) 및 산화철(Fe_2O_3)이며, 제조공정은 원료배합고정, 소성공정, 마감공정으로 구분할 수 있다. 원료의 배합공정은 물의 사용 여부에 따라 습식방법과 건식방법으로 구분할 수 있는데 경제성이 우수한 건식방법이 많이 사용되고 있다.

시멘트는 석회석, 점토를 적당한 비율로 혼합하여(원료배합공정) 3~6%의 기울기가 있는 원통형의 소성로에서 배합원료를 1,400~1,500℃로 가열시켜 반용해 상태까지 소성시킨 후(소성공정) 급속히 냉각시켜 얻은 클링커(clinker)에 응결조절재인 석고(3~5%)를 넣어 분쇄하여 만들게 된다.(마감공정) 시멘트는 콘크리트를 만드는데 매우 중요한 결합재이며 포틀랜드시멘트에 혼화재료를 섞어 용도에 맞는 다양한 시멘트가 개발되고 있다.

시멘트의 성질을 나타내는 특성

- **수화반응 및 수화열** : 일반적인 시멘트는 수경성이 있어 시멘트의 조성광물이 물과 만나면 화학반응(수화)이 일어나 수화생성물이 형성되면서 조직을 치밀하게 하는데 이를 수화반응이라 하며 이때 발생하는 열을 수화열이라고 한다. 수화열은 시멘트의 종류, 화학조성, 물시멘트비, 분말도 등에 따라 달라진다.
  시멘트의 수화반응에 필요한 물은 시멘트 중량의 40% 정도인데, 시멘트의 완전수화상태에서 결합수가 25%, 수화물 표면에 흡착되어 있는 겔수가 약 15% 정도이다.

- **응결 및 경화** : 시멘트와 물이 만나면 시멘트의 수화반응이 일어나면서 서서히 액체상태의 유동성이 떨어지면서 고체상태로 변해가는 현상을 응결(setting)이라고 하며, 응결이 일어나고 수화물이 증가하면서 강도가 증가되는데 이러한 현상을 경화(hardening)라고 한다. KS규격에 의하면 시멘트의 초결은 60분 종결은 10시간 이내로 규정하고 있으며, 응결시간은 시멘트의 생산시기, 분말도 등과 관련이 있다.

- **강도** : 시멘트의 강도는 시멘트모르타르를 사용한 시험체를 제작하여 추정하며, 시멘트의 강도는 물시멘트비, 골재혼합비, 골재의 강도와 입형, 시험방법 등에 의해 달라진다.

- **비중 및 단위용적중량** : 보통포틀랜드시멘트의 비중은 3.0~3.2 정도로 보통 3.15이며, 단위용적중량은 1,300~2,000kg/㎥ 정도로 일반적으로 1,500kg/㎥이다. 한국산업규격(KS)에 시멘트의 비중은 3.05 이상으로 규정되어 있고 단위용적당 중량은 1,500kg/㎥를 표준으로 삼고 있으며, 시중에 판매되는 시멘트 한 포대의 중량은 40kg이다.

- **분말도** : 시멘트의 분말의 미세 정도를 말하는 것으로 단위중량에 대한 표면적비로 표현된다. 분말도는 보통 브레인 값(㎠/g)으로 표시하며, 보통포틀랜드시멘트의 브레인 값은 3,000(㎠/g) 정도이다. 분말도는 수화반응, 강도발현, 블리딩(bleeding), 초기강도 등에 크게 영향을 미친다. 분말이 미세할수록 물과 접촉하는 시간이 단축되고 접촉면적이 커서 수화작용이 빨라 조기에 강도가 발현되지만, 너무 미세하면 풍화되기 쉽고 수화열에 의한 균열발생이 우려된다.

- **풍화** : 시멘트가 공기 중의 습기를 흡수하여 경미한 수화반응으로 수산화칼슘이 생성되고 여기에 이산화탄소가 작용하여 탄산칼슘을 생성하는데 이러한 현상을 풍화라고 한다. 시멘트의 풍화가 일어나면 표면이 수화물 피막으로 덮여 있어 시멘트의 정상적인 수화반응을 방해하고 강도를 저하시킨다.

시멘트의 종류

포틀랜드시멘트	보통포틀랜드시멘트(1종), 중용열포틀랜드시멘트(2종), 조강포틀랜드시멘트(3종), 초조강포틀랜드시멘트, 저발열포틀랜드시멘트(4종), 내황산염포틀랜드시멘트(5종) 백색포틀랜드시멘트
혼합시멘트	고로슬래그시멘트, 실리카시멘트, 플라이애시시멘트
특수시멘트	초속경시멘트, 알루미나시멘트, 팽창시멘트, 폴리머시멘트

• 포틀랜드시멘트

종 류	내 용
보통포틀랜드시멘트	일반적으로 사용하는 시멘트로 생산되는 대부분의 시멘트가 포틀랜드시멘트임, 혼합시멘트의 기본재료가 됨
중용열포틀랜드시멘트	수화속도를 지연시키고 수화열 발생이 적도록 한 시멘트, 건조수축이 적고 화학저항성이 커서 댐공사 등에 사용
조강포틀랜드시멘트	보통포틀랜드시멘트보다 초기에 강도를 발생케 하는 시멘트로 수화열이 크므로 한중콘크리트, 공기단축이 필요한 공사에 사용
초조강포틀랜드시멘트	조강포틀랜드시멘트보다 아주 짧은 기간에 고강도를 내는 시멘트로 긴급공사, 그라우팅공사 등에 사용
저발열포틀랜드시멘트	중용열시멘트보다 수화열이 적은 시멘트
내황산염포틀랜드시멘트	시멘트 중의 알루민산삼석회(C_3A)의 함유량을 4% 이하로 낮춰 황산염에 대한 저항성을 높여 온천지대, 바닷가의 건물 등에 사용
백색시멘트	알루민산철사석회(C_4AF)를 극히 적게 한 포틀랜드시멘트로 백색을 나타내며 인조석 및 조적줄눈용 등으로 사용

• 혼합시멘트

종 류	내 용
고로슬래그시멘트	포틀랜드시멘트에 용광로에서 선철을 제조할 때 나오는 슬래그를 혼합하여 제조한 시멘트로 해수에 대한 내식성 크고 초기강도는 적으나 장기강도는 큼
실리카시멘트	실리카질 혼화재(포졸란)를 포틀랜드시멘트에 혼합하여 제조한 것으로 작업성이 좋아지고 수밀성 증대 및 장기강도가 증가함
플라이애시시멘트	화력발전소에서 발생하는 완전연소한 미분탄의 재인 플라이애시를 구형으로 만들어 혼합한 시멘트로 구상의 입자가 볼베어링과 같은 작용을 하여 유동성 증대, 단위수량과 수화열을 감소시킬 수 있음

- 특수시멘트

종 류	내 용
초속경시멘트	1~2시간만에 콘크리트의 압축강도가 발현되는(100kg/㎠) 시멘트로 보수공사, 그라우팅 재료 등으로 사용
폴리머시멘트	콘크리트의 방수성, 내약품성, 변형성능 등을 향상시키고자 다량의 고분자재료를 혼합하여 만든 시멘트, 결합재로 시멘트와 폴리머를 함께 사용한 폴리머시멘트, 폴리머만을 결합재로 사용한 레진콘크리트 등

(2) 골재(aggregate)

골재는 콘크리트를 만들 때 체적으로 70~80% 정도를 차지하는 재료로서 일반적으로 시멘트, 물과 함께 굳어지는 모래와 자갈 등을 말한다. 골재는 콘크리트의 많은 용적을 차지하므로 골재의 종류 및 성질이 굳지 않은 콘크리트와 경화된 콘크리트의 성질에 영향을 미친다.

골재의 분류

- **입자크기에 의한 분류** : 입자의 크기에 따라 굵은골재(조골재)와 잔골재(세골재)로 구분한다.

■ 잔골재(세골재)

- 체규격 5mm의 망체에 중량비로 85% 이상 통과하는 골재

■ 굵은골재(조골재)

- 체규격 5mm의 망체에 중량비로 85% 이상 남는 골재

- **생산방식에 의한 분류** : 골재는 생산방식에 따라 천연상태에서 얻을 수 있는 천연골재와 천연재료를 가공하여 만든 인공골재로 구분한다.

■ 천연골재

– 하천, 강, 바다, 산 등 자연상태에서 얻을 수 있는 모래, 자갈 등

■ 인공골재

– 암석을 부수어 만든 쇄석으로 부순모래와 자갈, 점토를 구워서 만든 팽창점토, 펄라이트 등으로 천연공재를 가공하여 만든 골재

- **중량에 의한 분류** : 중량에 따라 보통골재, 중량골재와 경량골재로 구분하기도 한다.

■ 보통골재

– 비중이 2.5~2.65 정도인 골재로 강자갈, 강모래 등

■ 중량골재

– 비중이 3.0 이상인 골재로 자철광 등

■ 경량골재

– 비중이 2.0 이하인 골재로 천연경량골재(화산암재), 인공경량골재(팽창혈암, 팽창점토), 부산경량골재(석탄재, 제철슬래그)로 구분

골재가 갖추어야 할 성질

최근에는 강모래, 강자갈 등이 고갈되었으며 암석을 깨서 만든 깬자갈이 많이 사용되고 있다. 골재는 콘크리트를 만들 때 물과 반응하는 시멘트와 일체로 굳어지며 물과 만나 어떠한 반응도 일어나지 않아야 한다.

골재가 갖추어야 할 성질은 다음과 같다.

- 청정하고 물리적 및 화학적으로 안정될 것
- 내구성과 내화성을 가져야 할 것
- 콘크리트의 강도를 확보할 수 있는 강도
- 입형과 입도가 좋고 불순물이 포함되지 않을 것

골재의 입도와 입형

골재의 입도는 골재의 대 · 소입자가 혼합되어 있는 정도를 말하며 체가름시험으로 확인한다. 입형은 골재의 형상을 말하는 것으로 구형에 가까운 것이 좋으며 좋은 입형의 골재는 단위시멘트량이나 단위수량을 적게 하며 콘크리트의 유동성을 향상시킨다.

골재의 입도분포는 체가름시험에 의해 각 체의 통과율(%)을 구해서 도표로 작성하며 골재의 입도와 입형은 콘크리트의 배합과 강도에 영향을 미친다.

■ 골재의 입도(grading)

- 골재의 작고 큰 입자의 혼합된 정도를 말하며 적당한 입도를 가진 골재를 사용해야 양질의 콘크리트를 만들 수 있음

■ 조립률(FM, fineness modulus)

- 건축용 조립률은 9개의 체(40, 20, 10, 5, 2.5, 1.2, 0.6, 0.3, 0.15mm)를 1조로 하여 체가름시험을 통해 각각의 체를 통과하지 않는 시료의 전 골재중량에 대한 중량백분율의 합계를 100으로 나눈 값

골재의 비중과 흡수율

골재의 비중은 함수상태에 따라 달라지며, 절건비중은 보통 2.5~2.7 정도이다. 골재는 함수상태에 따라 절대건조상태, 기건상태, 표면건조 내부포화상태, 습윤상태로 구분할 수 있다. 콘크리트 배합시 기준이 되는 골재의 상태는 골재의 표면에 습기가 마르고 골재 내부가 젖어 있는 상태인 표면건조 내부포수상태(표건상태)이다.

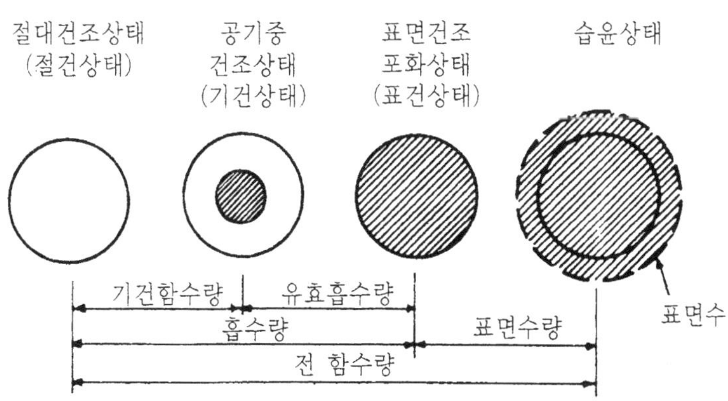

그림 3-3 | 골재의 함수상태

(3) 혼화재료(admixture)

혼화재료는 주로 콘크리트를 만들 때 시멘트, 골재, 물 이외에 추가로 첨가되는 재료이며 굳지 않은 콘크리트나 경화한 콘크리트의 성질개량, 특별한 성능 부여 및 품질향상을 목적으로 사용한다. 혼화재료는 혼합의 비율, 즉 사용량의 대소에 따라 혼화재와 혼화제로 구분한다.

혼화재

- 사용량이 시멘트 중량의 5% 이상으로 많아 그 자체의 부피가 콘크리트의 배합계산에 고려된다.

혼화제

- 사용량이 시멘트 중량의 5% 이하 보통은 1% 이하로 적어 보통콘크리트의 배합계산에서 무시한다. 약품적인 것으로 소량을 사용해서 효과를 얻을 수 있는 것이다.

표 3-1 | 혼화재료의 종류

구 분	종 류	역할 및 목적
혼화제	AE(공기연행제)	콘크리트 속에 미세한 기포생성, 재료분리/동결융해 방지 등
	감수제	시멘트입자 분산, 작업성 개선, 단위수량 감소
	유동화제	콘크리트의 유동성 증대, 작업성 개선
	촉진제	콘크리트 응결 및 경화 촉진으로 조기강도 발현, 겨울에 사용
	지연제	콘크리트 응결, 경화시간을 지연, 여름에 사용
	방청제	콘크리트 속의 철근이 염분에 의해 부식되는 것 방지
혼화재	플라이애시	석탄재의 미립자, 콘크리트 유동성 개선, 장기강도 증가
	고로슬래그	제철소에서 선철 제조 시 나오는 용융슬래그를 급랭시킴, 수화열 감소, 장기장도 증진, 수밀성 향상
	실리카흄	규소합금 제조시 발생하는 폐가스, 강도증진, 수밀성 향상
	팽창재	콘크리트의 건조수축을 보완, 균열 및 변형방지

(4) 콘크리트

콘크리트의 구성

기본적으로 콘크리트는 시멘트에 골재(자갈, 모래)와 물을 혼합하고 필요시에 혼화재료를 첨가하여 만들게 되며, 시간이 경과함에 따라 시멘트가 물과 반응(수화반응)하여 굳는 성질(경화)이 있다. 시멘트에 물이 첨가되면 시멘트 페이스트(cement paste)가 되고 시멘트 페이스트에 모래(잔골재)를 첨가하면 시멘트 모르타르(cement mortar)가 되어 벽돌을 쌓는 접합재료, 마감재의 바탕재료나 미장재료로 사용된다.

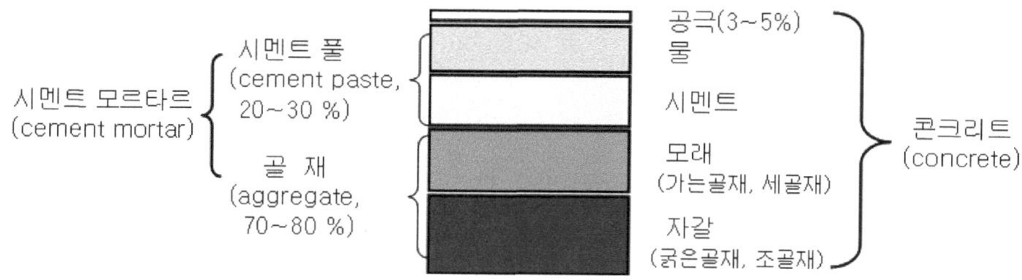

그림 3-4 | 콘크리트의 기본구성

콘크리트의 배합설계와 배합강도

콘크리트의 구성재료인 시멘트, 물, 잔골재, 굵은골재의 혼합비율을 배합이라 하며, 콘크리트가 소요의 강도, 내구성, 수밀성, 균일성 및 작업성 등을 가진 가장 경제적인 콘크리트가 얻어지도록 시멘트, 모래, 자갈 및 혼화재료의 비율을 결정하는 것을 배합설계(design of mix proportion)라고 한다. 구조설계에 요구되는 강도를 설계기준강도라 하고 여기에 양생온도나 시공에 의한 강도편차를 고려하여 더 큰 값을 목표강도로 정하는 것을 배합강도라 한다.

■ 콘크리트가 구비해야 할 성질
– 소요강도, 적당한 워커빌리티, 균일성, 내구성, 경제성, 수밀성 등

최근에는 공장에서 제조하고 현장으로 운반하여 타설하는 레디믹스트 콘크리트(레미콘, ready mixed concrete)를 주로 사용하기 때문에 현장에서 콘크리트 배합설계를 하는 경우는 드물다.

표 3-2 | 계획배합의 표시방법

배합강도 (kg/㎠)	슬럼프 (cm)	공기량 (%)	물시멘트비 (%)	굵은골재 최대치수 (mm)	잔골재율 (%)	단위수량 (kg/㎥)	절대용적배합(ℓ/㎥)				중량배합(kg/㎥)				혼화제 사용량 (mℓ/㎥) 또는 (g/㎥)
							시멘트	잔골재	굵은골재	혼화재	시멘트	잔골재	굵은골재	혼화재	

콘크리트의 강도와 내구성에 많은 영향을 미치는 요인 중에 물시멘트비(W/C)가 있는데 물과 시멘트의 중량비로 표시하며 물시멘트비가 크다는 것은 물이 많이 포함되었다는 뜻으로 일반적으로 물시멘트비가 크면 강도와 내구성이 저하된다.

그러므로 콘크리트를 타설할 때 물을 많이 사용하면 강도가 저하되므로 절대로 추가로 물을 첨가하지 말아야 한다.

콘크리트의 종류

콘크리트는 경량콘크리트, 중량콘크리트, 차폐용 콘크리트, 한중콘크리트, 서중콘크리트, 고강도콘크리트, 섬유보강콘크리트, 수밀콘크리트, 매스콘크리트 등이 있다.

표 3-3 | 콘크리트의 종류

종 류	내 용	비 고
무근콘크리트	철근 등의 보강재를 사용하지 않은 콘크리트	버림콘크리트, 밑창콘크리트
AE콘크리트	공기연행제(AE제)를 사용하여 콘크리트 속에 공기가 혼입됨	작업성 개선, 내구성 향상
경량콘크리트	비중이 적은 경량골재를 사용하여 콘크리트의 단위용적중량이 2.0t/㎥ 이하	중량경감, 비구조용
중량콘크리트	비중이 큰 중량골재를 사용하여 콘크리트의 단위용적중량이 2.6t/㎥ 이상	방사선차폐
한중콘크리트	콘크리트가 동결할 우려가 있는 콘크리트, 콘크리트 타설 후 4주의 1일 평균기온이 4℃ 이하에서 시공되는 콘크리트	보온조치, 골재 및 물 가열

서중콘크리트	1일 평균기온이 25 ℃를 넘는 기간에 타설되는 콘크리트, 수분의 급격한 증발, 슬럼프 저하	균열예방, 지연형혼화제 사용
수밀콘크리트	콘크리트의 밀도를 높여 물의 침투를 방지	
고강도콘크리트	설계기준강도가 보통 콘크리트에서 40N/㎟ 이상, 경량 콘크리트에서 27N/㎟ 이상인 콘크리트	고성능감수제 사용
매스콘크리트	부재단면의 최소치수가 80cm 이상이고 수화열로 내외부 온도차가 25℃ 이상 예상되는 콘크리트	
섬유보강콘크리트	콘크리트의 인성을 증가시키기 위해 강섬유, 유리섬유 등을 보강한 콘크리트	균열저항성 증가
유동화콘크리트	유동화제를 첨가하여 유동성을 크게 증가시킨 콘크리트	시공성 향상
프리스트레스 콘크리트	강재로 콘크리트에 미리 압축력을 주어 인장강도를 증가시켜 휨 저항을 크게 한 콘크리트	

굳지 않은 콘크리트의 성질

- **반죽질기(consistency)** : 물의 양에 따라 반죽이 되고 진 정도를 나타내는 성질로 슬럼프 시험에 의한 슬럼프 값(cm)으로 표시

■ 슬럼프 시험(slump test)

- 수밀성 평판을 위에 슬럼프 콘을 놓고 콘크리트를 용적으로 3회에 걸쳐 각각 1/3씩 채워 넣고 다짐봉으로 25회씩 균등하게 다지며, 이때 다짐봉이 전층에는 도달되지 않도록 해야 한다. 콘크리트 윗면을 수평이 되도록 한 후 슬럼프콘을 수직으로 들어 올려 벗겨 콘크리트가 미끄러져 내린 높이를 측정한 값이 슬럼프치(슬럼프값, cm)이다.

- **작업성(workability)** : 반죽질기에 따른 작업난이도 및 재료분리에 저항하는 정도로 보통 정성적인 것으로 반죽질기의 정도로 작업성 표현
- **공기량(amount of air)** : 콘크리트는 비빔시에 포함되는 갇힌공기(entrapped air)가 보통 콘크리트에서의 공기량은 1% 정도이지만 AE제 또는 AE감수제를 사용하여 연행된 공기(entrained air)를 포함하면 4~6% 정도가 되며 4% 정도를 표준값으로 사용
- **블리딩(bleeding) 및 레이턴스(laitance)** : 콘크리트 타설 후 시멘트, 골재입자 등이 침하되면서 물이 분리되고 상승하여 콘크리트 표면으로 떠오르는 현상이며, 레이턴스

는 블리딩에 의해 콘크리트 표면에 배합수와 함께 떠오른 부유물질, 침전물질이 얇은 층을 형성한 것

- **재료분리**(segregation of materials) : 콘크리트의 비중과 입자의 크기 등으로 운반, 타설 등에서 재료가 골고루 섞이지 않고 재료별로 집중되는 현상
- **응결**(setting) 및 **경화**(hardening) : 콘크리트의 유동성이 저하되고 형태가 만들어지는 정도가 응결, 응결이 종료된 콘크리트가 굳어지는 현상이 경화임.

경화콘크리트의 성질

- **강도**(strength) : 콘크리트의 강도는 주로 압축강도를 말하며 일반구조물에서 콘크리트의 강도는 표준양생을 한 재령 28일의 압축강도가 기준, 콘크리트의 압축강도에 영향을 주는 요소로는 사용재료인 시멘트, 골재, 물, 혼화재료와 물시멘트비, 단위시멘트량, 공기량, 시공 및 양생방법 등

> **콘크리트의 압축강도 측정**
> - 콘크리트 압축강도 측정은 공시체를 만들어 28일 동안 표준양생조(20±3℃)에서 양생한 후 압축강도 측정

습윤상태에 있는 콘크리트는 장기간에 걸쳐 강도가 증가하지만 대기 중에서는 시멘트의 수화반응이 완만하게 일어나 강도증진이 적어진다. 또한 양생온도가 높으면 수화반응이 빨라져 단기간에 콘크리트의 강도발현이 커진다. 그러나 장기간의 재령에서는 양생온도가 높을수록 강도가 작아지는 경향이 있다.

- **크리프**(creep) : 콘크리트에 하중이 일정기간 지속적으로 작용하면 하중이 증가하여 작용하지 않아도 콘크리트의 변형이 시간에 따라 증가하는 현상을 말하며, 하중이 가해졌을 때 순간적으로 발생하는 변형과 크리프변형의 비를 크리프계수라고 함.
- **내구성**(durability) : 콘크리트는 여러 가지 요인으로 인하여 내구성이 저하되는데, 주요요인으로 콘크리트의 중성화(carbonation), 동결융해 작용, 침식 및 화학작용, 온도변화 등을 들 수 있음.

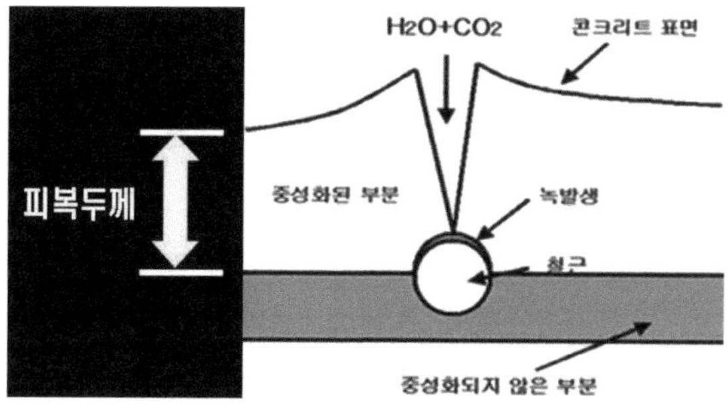

그림 3-5 | 콘크리트의 중성화 모형

■ 콘크리트 중성화

- 공기 중의 탄산가스에 의해 시멘트의 수화작용으로 생성된 수산칼슘은 강한 알칼리성을 나타내고 이것이 철근을 녹슬게 하지 않는 중요한 요인인데, 공기 중의 이산화탄소와 반응하여 탄산칼슘으로 변하면서 알칼리성을 잃어가는 현상 [$Ca(OH)_2 + CO_2 \rightarrow CaCO_3 + H_2O\uparrow$], 철근 위치까지 콘크리트 중성화가 진행되면 철근이 녹슬어 체적이 팽창하고 콘크리트 균열이 발생하여 건축물의 내구성에 좋지 않은 영향을 미침

- **건조수축** : 습윤상태에 있는 콘크리트가 건조하면서 수축하는 현상을 건조수축이라고 하고, 건조수축이 발생한 콘크리트는 주위가 구속되어 있으면 균열이 발생하는데, 일반적으로 건조수축 균열을 예방하려면 단위수량을 줄이고 습윤양생을 실시하며 팽창제 등의 혼화제를 사용함.
- **수밀성** : 수밀성을 확보하기 위해서는 정밀시공으로 시공이 불량하지 않아야 하며 물 시멘트비, 굵은골재 최대치수 등에 영향을 받음.

(5) 철근

철근은 단면이 원형인 원형철근과 단면에 마디와 리브가 있는 이형철근으로 나눌 수 있는데, 콘크리트와의 부착력이 좋은 이형철근을 주로 사용한다. 또한, 고강도철근은 보통철근보다 인장력이 크며 용접철망은 공장에서 가로와 세로근의 교차점을 전기저항 용접하여 제작한 것으로 슬래브나 벽체철근으로 사용한다.

표 3-4 | 철근의 표시법

철근의 종류		내 용
원형철근		단면이 원형이며, 지름은 "φ "로 표시(φ 10, φ 13..)
이형철근	일반철근	마디와 리브가 있음, 지름은 "D"로 표시(D10, D13..)
	고장력 철근	마디와 리브가 있고 인장강도를 증가시킨 고강도 철근, 지름은 "HD"로 표시(HD10, HD13..)
피아노선		프리스트레스 콘크리트 등에 사용하는 고탄소강
용접철망(wire mesh)		철근이나 철선을 격자형으로 용접, 바닥, 벽체용으로 사용

3.5.2 철골구조(강구조)의 재료

(1) 강의 종류 및 특징

철재는 철(Fe)을 주체로 하고 탄소(C), 망간(Mn), 규소(Si)가 소량 첨가되어 있고 인(P)과 황(S) 등의 불순물이 포함되어 있다. 이 중에서 탄소는 철의 강도를 좌우하는 주요성분이므로 인위적으로 탄소량을 조절하여 필요한 철을 가공하기도 한다. 건축물의 구조재료로 사용하는 철은 주로 탄소량이 보통 0.25% 이하인 연철이다.

표 3-5 | 탄소량에 따른 철의 분류

구 분	탄 소 량(%)	성 질
연 철	0.03 이하	연질이며 가단성 있음
탄소강	0.03~1.7	가단성, 담금질 효과 있음
주 철	1.7 이상	취성이 크고 주공성 있음

철골구조는 건물의 주요 뼈대를 철골부재를 사용하여 만든 구조를 말하며, 강구조는 철근콘크리트구조보다 자중(무게)을 감소시킬 수 있으며, 하중을 많이 받을 수 있어 고층건물을 짓는데 유리하다. 구조용으로 사용하는 강재로는 형강, 강판, 봉강 및 평강 등이 있다. 철골구조는 균질한 품질을 기대할 수 있고, 공기를 단축할 수 있으며, 장스팬의 건물과 고층건물의 구조재로 적합하다. 그러나 부재가 세장하면 변형 및 좌굴이 발생하기 쉽고 화재에 약해 내화피복이 필요하다.

(2) 강의 역학적 성질

구조용으로 사용하는 강재는 주로 인장재로 사용하는 경우가 많으므로 인장응력과 변형의 관계를 이해하는 것이 중요하다.

다음 그림과 같이 연강의 인장시험을 실시하면 응력-변형도 곡선이 그림과 같이 나타난다. 일정한 선까지는 응력에 비례하여 변형이 발생하므로 직선으로 나타나는데 이 한계를 비례한도(A점)라 하고 그 이후로 응력과 변형이 비례하지는 않지만 변형이 조금씩 일어나 탄성한도(B점)를 나타내고 결국은 항복점(상항복점 : C점, 하항복점 : D점)에 도달한다.

항복 이후 변형이 진행되다가 다시 응력이 커지는 현상을 변형경화라고 하며, 최대응력(F점)을 지나 결국은 파단점(G점)에 이르게 된다.

이와 같이 강재는 응력이 가해져도 급하게 파단되지 않는 인성이 있어 구조재료로서 적합한 것이다.

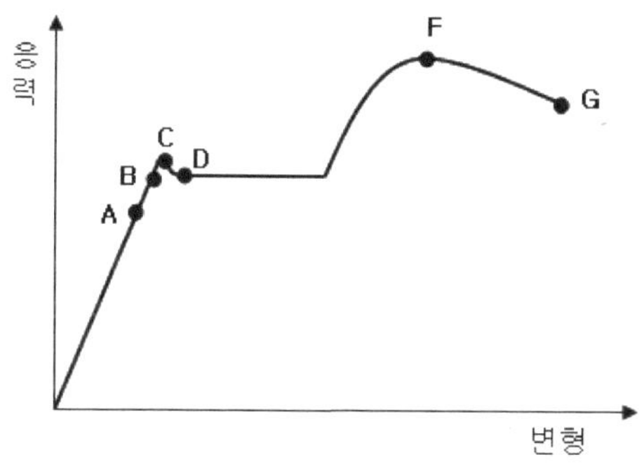

그림 3-6 | 연강의 응력과 변형도 곡선

(3) 강의 제법

제선

고로에서 1,300~1,400℃의 온도로 철광석이 탄소 또는 일산화탄소로 인하여 환원되어 용해된 선철을 만들어내는 공정이다.

제강

제강공정은 선철이나 고철을 주원료로 하며 선철은 탄소함유량이 많고 불순물이 포함되어 있으므로 탄소량을 조절하고 불순물을 제거하여 강재를 제조하는 공정이며 강재는 압연공정을 위해 강괴(ingot)로 제작된다.

압연공정

강괴를 이용해서 압연공정을 통해 최종제품인 소정의 강재 형상이 제작된다. 압연공정은 약 1,200℃의 온도에서 압연하는 열간압연공정과 상온에서 압연하는 냉간압연공정으로 구분할 수 있는데 건축용 강재는 주로 열간압연공정에 의해 제조된다.

(4) 강의 가공

기계적 가공

- 압연 : 반대방향으로 회전하는 롤러에 가열한 상태의 강을 넣어 성형하는 방법으로 강괴를 열간압연하여 원하는 단면으로 압연함, 판재, 형강, 봉강 등 구조용 강재 대부분을 생산
- 압출 : 재료가 움직이는 방향으로 밀어내는 방법으로 전방압출과 후방압출방법이 있음, 공업용제품 생산
- 단조 : 가열상태의 강을 프레스나 해머로 단련하여 기계적 성질을 개선하는 것, 볼트, 너트 등 생산

열처리

강재는 다음과 같은 열처리 및 가공에 의해 철의 성질을 개선하고 향상시켜 사용한다.

- 불림(normalizing) : 선철에서 불순물을 제거한 철 덩어리(강괴)를 800~1,000℃ 정도로 가열하여 그 온도를 수십분 간 유지한 후 공기 중에서 서서히 냉각시키는 것으로 조직이 균일화되고 강하게 됨.
- 풀림(annealing) : 불림과 같이 가열하고 그 열을 보존한 후 노(爐) 속에서 서서히 냉각시키는 것으로 강도는 저하되나 균질하고 연성이 증가함.
- 담금질(quenching) : 풀림과 반대로 냉수, 온수 또는 기름에 담가 급격하게 냉각시키는 것으로 취성이 커지나 강도 및 경도가 증대됨.
- 뜨임질(tempering) : 담금질한 강이 취성이 커진 것을 다시 200~600℃로 가열하여 수십분 후 공기 중에서 냉각시키는 것으로 취성이 개선되고 인성이 증대됨.

(5) 강재제품

건물의 구조재료로 사용하는 강재제품은 주로 압연강재로 제작하며 형강, 강판, 봉강 및 평강 등이 있다. 구조물 제작을 위해 반입되는 강재의 특성을 알기 위해서는 생산업체에서

발행하는 밀시트(mill sheet)를 받아 확인해야 한다.

형강

건축물에 사용되는 강재는 주로 형강인데 특정한 형상의 단면으로 압연·성형하여 만들게 된다. 강재는 탄소의 함유량에 따라 강도와 성질에 많은 영향을 미치므로 용도에 맞게 열처리 및 가공하여 사용한다. 건축물의 뼈대를 만들 때 주로 사용하는 형강은 H형강이며, I형강, T형강 및 Z형강 등이 있다. H−300×200×9×14로 표현한 것은 높이(전체 춤)가 300mm, 플랜지 폭 200mm, 웨브 두께 9mm 및 플랜지 두께 14mm인 H형강을 의미한다. 플랜지(flange)는 주로 휨응력에 대해 저항하고 웨브(web)는 전단력에 저항한다.

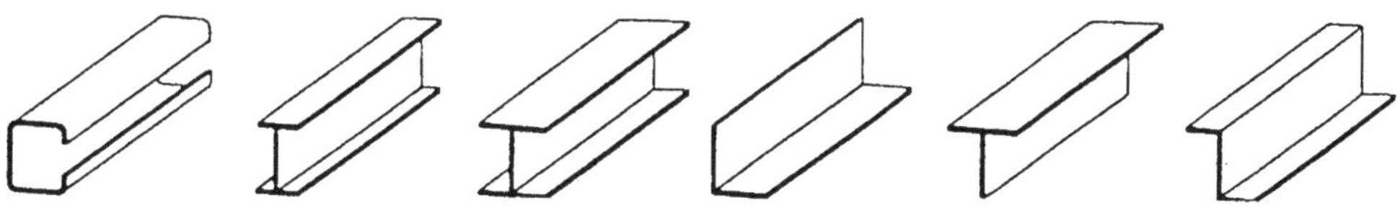

그림 3-7 | 강재(형강)의 종류

경량형강

경량형강은 큰 하중을 받지 않는 건축물이나 자중을 줄이기 위한 목적으로 만든 두께가 얇은 형강을 말한다. 경량형강은 박판 또는 띠강판을 성형시켜 만들며 주로 경량철골구조에 사용되고 형상은 앵글(ㄱ형강), 채널(ㄷ형강) 등이 있다.

강판

강판은 강괴를 압연하여 넓고 두께가 얇은 판재로서 두께 3mm를 기준으로 박판, 후판으로 구분한다. 강판은 거싯플레이트(gusset plate), 스티프너(stiffener) 등 강재를 연결하고 보강하는 재료, 강재박스 기둥 및 형강재 제작 등에 사용되고 있으며, 최근에는 거푸집 재료로 많이 사용되고 있다. 또한 박판을 파형으로 가공하여 철골구조의 거푸집 및 구조재료 사용하는 데크플레이트(deck plate)나 철상판 트러스 데크를 제작하기도 한다.

평강

평강은 두께 3mm 이상의 강판을 절단한 너비(폭)가 좁은 판을 말하며 폭은 125mm 미만이다. 장방형 단면을 가지고 있으며 이를 절단하여 규격에 없는 H형강을 제작할 수도 있다.

봉강(환강)

봉강은 압연하여 봉으로 만든 것으로 단면의 형상에 따라 원형강, 평강, 각형강(6각, 8각) 등으로 분류할 수 있으며, 철근콘크리트용 봉강으로 원형철근과 이형철근이 있다. 또한 PC 강봉은 프리스트레스 콘크리트용으로 사용되는 긴장재를 말하며 프리스트레스를 도입하여 콘크리트의 균열발생 억제 및 강성을 크게 하기 위해 사용한다.

강관

원형강의 속이 빈 것을 말하며 원형강관, 각형강관 등이 있으며 배관용이나 기둥 등의 구조용으로 사용된다.

3.6 주요 마감재료

3.6.1 기본재료

(1) 벽돌

개 요

벽돌은 작은 부재 하나하나를 접합재로 사용하여 쌓아 나가며 가장 오래된 건축물 축조기법 중의 하나이다. 벽돌은 내구적이고 내화적인 재료이나 작은 부재를 접합재로 하나씩 쌓아 만들었으므로 압축력에는 강하나 바람, 지진 등 수평력에 약하다. 벽돌과 벽돌 사이의 접합재를 바르는 부분을 줄눈이라 하는데 줄눈에는 수직줄눈과 수평줄눈이 있으며, 수직줄눈이 아래 위로 막힌 것을 막힌줄눈, 일렬로 된 것을 통줄눈이라 한다. 통줄눈은 위에서 내려오는 하중을 벽체에 골고루 전달할 수 없으므로 벽돌을 쌓을 때 통줄눈이 생기지 않도록 해야 한다.

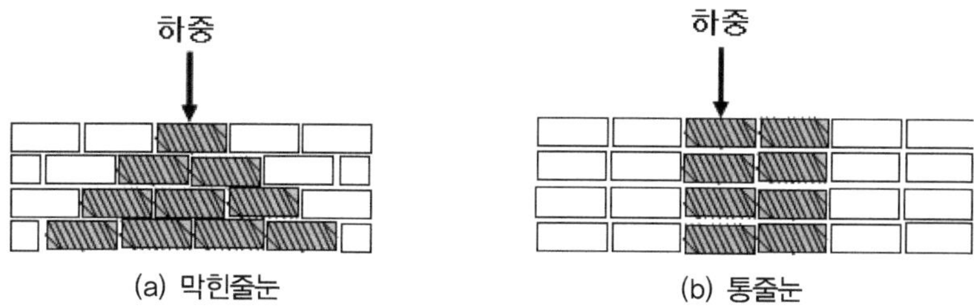

그림 3-8 | 막힌줄눈과 통줄눈

벽돌은 온장을 쓰는 것이 원칙이나 경우에 따라서 벽돌을 쪼개어 쓰게 되는데 이를 마름질(cutting)이라 하고 칠오토막, 반토막, 이오토막, 반절, 반반절 등이 사용된다.

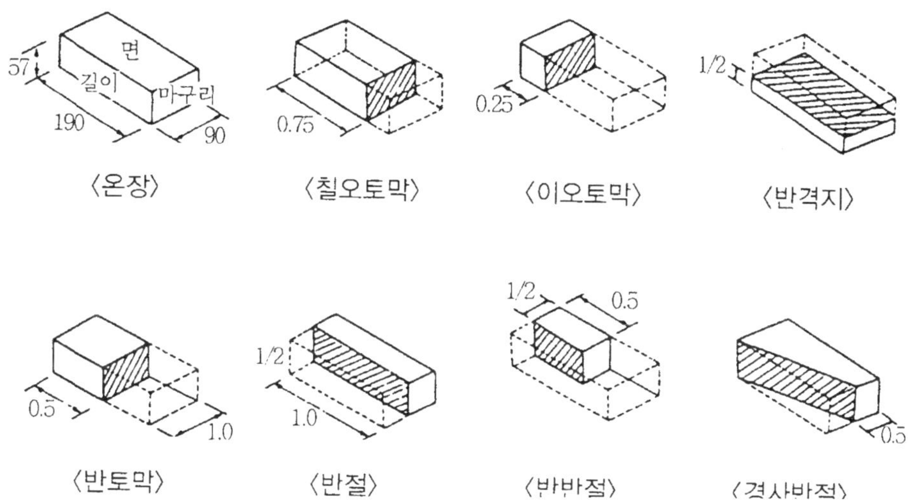

그림 3-9 | 벽돌의 마름질

벽돌의 종류

벽돌은 흙벽돌, 붉은벽돌과 시멘트벽돌, 내화벽돌, 경량벽돌, 특수벽돌 등이 있으며 고대로부터 흙벽돌이 사용되어 왔다.

- **시멘트벽돌** : 시멘트, 골재에 물을 섞고 틀에 넣어 가압·성형하고 양생한 벽돌이다. 시멘트벽돌은 강도가 크고 흡수율이 적어야 하며, 압축강도는 80kg/㎠ 이상, 흡수율은 20% 이하이어야 한다. 시멘트벽돌은 내부에 사용되고 그 위에 치장을 위하여 시멘트 모르타르 미장을 바르는 경우가 많다.

표 3-6 | 시멘트벽돌의 치수

(단위 : mm)

종 류	치 수(mm)			비 고
	길 이	너 비	두 께	
기존형	210	100	60	허용차는 +3~-2
표준형	190	90	57	

- **붉은벽돌** : 주로 외부벽체에 많이 사용된다.
- **내화벽돌** : 내화점토를 원료로 하여 소성한 벽돌로 내화도는 1,500~2,000℃ 정도이며, 벽난로, 굴뚝 등에 사용된다.
- **경량벽돌** : 점토에 목탄가루, 톱밥 등의 경량재료를 혼합하여 성형한 후 소성한 것으로 구멍벽돌과 다공질벽돌이 있다.
- **특수벽돌** : 특수한 사용목적에 의해 제작된 벽돌로 특수한 구조체에 사용되는 이형벽돌, 오지물을 사용해 치장용으로 사용되는 오지벽돌, 도로나 바닥에 까는 포도벽돌 등

> **■ 소성(燒成)**
> - 점토를 고온으로 가열하면 그 성분의 일부 또는 대부분이 용해되어 비중, 부피, 색상 등의 변화가 생기고 냉각되면 강도가 크게 증가되는 현상

(2) 블록

블록은 시멘트와 골재를 혼합하여 틀 속에서 성형하여 양생한 것으로 시멘트벽돌과 마찬가지로 양생온도를 경과한 후 출하한다. 블록은 보통 속이 빈 것으로 보강근을 넣어 보강블록조를 만들 수 있다.

기본블록은 형상 및 치수에 따라 기본블록, 이형블록, 특수블록으로 구분하며, 중량에 따라 일반블록, 경량블록, 중량블록으로 구분한다.

기본블록의 형식은 BI형, BS형, BM형이 있으며 우리나라에서는 주로 BI형이 사용된다.

표 3-7 | 시멘트 기본블록의 치수

규 격	치 수(mm)			허용차(mm) (길이, 높이, 두께)
	길 이	높 이	두 께	
BI형	390	190	190	±2, ±3
			150	
			100	
BS형	440	190	215	±2, ±3
			180	
			150	
BM형	490	390 190	210	±2, ±3
			180	
			150	

속이 빈 기본블록은 강도에 따라 1급, 2급 및 3급으로 구분하고 블록살의 두께는 25mm 정도이며 빈속의 최소직경은 60mm 이상으로 한다.

표 3-8 | 시멘트 블록의 등급

종 류	기건비중	전단면적에 대한 압축강도(kg/㎠)	흡수율(%)	투수성(mℓ /㎡)
1급	1.9 미만	80 이상	20 이하	8 이하
2급	1.7 미만	60 이상	30 이하	
3급		40 이상	40 이하	

블록은 사용하는 용도에 따라 제작한 이형블록이 있으며 인방용블록, 창대용블록, 창대용블록 등이 있다. 또한 철근을 배근하여 콘크리트를 타설할 수 있는 거푸집블록이 있다.

(3) ALC(Autoclaved Lightweight Concrete)

ALC는 석회질과 규산석 원료를 분말상태로 혼합하고 물과 기포제를 첨가하여 만든 혼합물을 고온·고압상태의 오토클레이브에서 충분히 양생시켜 만든 경량기포콘크리트 제품이다. ALC는 기건비중이 보통콘크리트의 1/4 정도(0.45~0.55)이고 단열성, 내화성 및 가공성이 우수하고 흡음률이 좋은 재료이다. ALC의 제품으로는 ALC블록, ALC패널이 있으며 용도에 따라 외벽용, 내벽용 및 지붕용 패널로 구분한다.

(4) 석재(돌)

석재의 장·단점

돌은 채석장에서 채취한 원석을 가공할 장소로 운반하여 절단, 가공 및 연마 등의 과정을 거쳐 건축용 재료로 탄생한다. 돌은 고대로부터 구조 및 의장재료로 건축물에 많이 사용되어 왔으며 국내에도 많은 종류의 석재가 건축물에 사용되고 있다. 석재의 장점으로는 압축강도가 크고 내구성이 우수하며 외관이 장중하고 미려하다는 것이다. 그러나 천연재료로서 수량이 한정되어 있고 가공이 어려우며 장대재를 가공하기 어렵고 중량이 무겁다는 것이 단점이다.

석재의 분류

석재는 성인에 따라 화성암, 수성암, 변성암으로 구분하며 화성암에 속하는 화강암이 건축용 자재로 많이 사용되고 있다.

석재를 성인에 따라 분류하면 다음과 같다.

- **화성암** : 지구 내부에서 분출된 마그마가 지구표면에서 냉각되어 응고된 것으로 화강암, 안산암, 섬록암 등이 해당되며 가장 많은 암석임.
- **수성암** : 화성암의 풍화물, 유기물, 기타 광물질이 땅속에 퇴적되어 지열과 지압을 받아 퇴적의 층상으로 응고된 것으로 퇴적암이라고도 하며 사암, 점판암, 응회암, 석회암 등이 해당됨.
- **변성암** : 화성암, 수성암 등이 지열과 지압으로 변질되어 결정화된 것으로 마감재로 많이 사용되는 대리석, 트래버틴, 사문암, 편암 등이 해당됨.

■ 인력에 의한 석재의 마감방법

① 혹두기(혹떼기) : 돌 표면을 망치(쇠메)로 대강 다듬는 것으로 외벽의 마감재 등으로 사용함.

② 정다듬 : 혹두기 한 면을 정으로 평활하게 다듬는 것.

③ 도드락다듬 : 돌의 표면을 도드락망치로 다듬어 평활하게 한 것으로 치장재로 사용함.

④ 잔다듬 : 연질의 석재를 양날망치로 정다듬한 면을 일정방향으로 다듬는 것.

⑤ 물갈기 : 연마기로 갈고 표면에 광을 낸 것으로 실내의 마감재로 사용함.

석재가공제품

- **버너구이(화염처리)** : 석재 표면을 분사되는 고열의 불꽃으로 석재의 표면을 거칠게 마감한 것으로 독특한 질감이 나며 주로 외장재로사용
- **물갈기** : 석재 표면을 연마기로 물갈기하여 매끄럽게 처리한 것으로 주로 내장재로 사용
- **잡석** : 지름 20cm 정도의 막생긴 돌로 건물의 기초하부에 잡석다짐 등에 사용
- **판돌** : 구들장, 바닥깔기, 붙임돌 등으로 사용되는 두께가 얇은 돌

석재제품

- **암면** : 내열성이 큰 현무암, 안산암, 사문암 등을 고열로 용융시켜 세공으로 분출시키면서 고압공기로 불어날려 선상으로 만들고 이를 냉수나 압축공기 등으로 냉각시켜 섬유화한 것. 단열, 흡음, 보온성 등이 우수하여 암면판, 암면펠트, 암면흡음판 등으로 사용
- **질석** : 흑운모를 800~1,000℃로 가열하고 팽창시켜 체적이 5~6배로 늘어난 다공질 경석, 경량성, 단열성이 우수하며 콘크리트판, 모르타르, 벽돌 등의 제조에 사용
- **펄라이트(perlite)** : 진주석, 흑요석 등을 파쇄하여 1,000℃의 고열로 가열, 팽창시킨 경량골재

(5) 인조석

인조석은 말 그대로 천연석재를 모방하여 돌의 형상과 색채를 띠도록 만드는 것으로 바닥

재 등에 마감재료로 많이 사용되고 있다. 인조석은 화강암, 대리석 등의 쇄석에 백색포틀랜드시멘트, 광물질 안료를 혼합하여 틀에 넣어 경화시킨 후 갈기 등으로 표면을 마무리한 것이다.

(6) 목재

목재의 장 · 단점

인류역사에서 건축이 시작되면서 최초로 사용한 재료가 나무일 것이다. 과거 가구식으로 건물을 지을 때는 주요구조재료로 지붕, 마루, 벽체 등에 목재를 가공하여 사용하였으나 최근에는 마감이 미려하여 주로 마감재료로 사용되고 있다.

목재는 가벼우며(비중이 1.44~1.56) 가공이 용이하고 친환경적인 자재로 장점이 많으나 불에 약하고 썩기 쉬운 단점이 있다.

목재의 강도와 함수율

목재의 강도는 함수율, 비중, 수종 및 가력방향 등에 따라 다르므로 사용하는 용도에 따라 이와 같은 점을 고려해야 하며 사용하기 전에 반드시 건조시켜 함수율을 낮춰야 비틀림 등의 변형이 발생하지 않는다.

■ 목재의 함수율(%)

- 목재가 포함하고 있는 수분의 양을 판별하는 것으로 건조전 중량(Wa)과 건조 후의 중량(Wo)을 비교하여 측정함[(Wa − Wo) / Wo×100(%)]

목재의 건조법

목재를 건조시키면 중량의 감소, 강도증가, 건조수축 및 변형량 감소, 부식이나 충해감소 등 많은 장점이 있다. 구조재나 마감재로 사용하는 목재는 함수율이 적정수준 이하가 되도록 건조시켜야 하며, 특히 가구재로 사용하는 경우는 함수율이 적은 것이 좋다.

■ 목재의 건조방법

- 대기(천연)건조 : 직사광선 및 비 등을 피해 통풍이 잘되는 건조장에 자연에서 건조
- 침수건조 : 생목을 물속에 3~4주 정도 넣어놓아 수액을 뺀 후 대기 중에서 건조
- 인공건조 : 열, 증기, 전기 등을 이용하여 인공적으로 신속하게 건조시키는 방법

목재제품

건축재료로 사용하는 목재는 판재, 각재로 가공하여 구조재, 수장재 및 가구재 등으로 사용하며, 목재의 가공품으로는 다음과 같은 것이 있다.

- **합판** : 목재를 얇은 판으로 만들어 3, 5, 7, 9매 등의 홀수로 서로 섬유방향이 직교하도록 접착제를 사용하여 가열압착시켜 만든 것, 변형이 적고 균일한 강도를 얻을 수 있으며 제품이 규격화되어 있고 보통합판과 특수합판(화장합판, 방화합판, 방부합판)으로 구분함.
- **집성재** : 판재와 각재를 모아 섬유방향을 평행하게 하여 이음면에 접착제를 사용하여 집성, 접착시킨 것, 여러 형상의 큰 구조 부재를 만들 수 있음.
- **마루판** : 무늬가 아름다운 참나무, 단풍나무, 미송 등을 이용해서 판재로 가공한 것으로 가공방법에 따라 제품을 분류함(플로어링 보드, 쪽매널 등).
- **섬유판** : 목재 또는 식물섬유질을 주원료로 하여 이를 섬유화, 펄프화하여 성형한 판상제품으로 텍스 또는 파이버보드라고도 하며 천장마감재, 외벽재 등으로 사용함.
- **파티클보드** : 목재 또는 식물의 부산물을 잘게 파쇄하여 충분히 건조시킨 후 합성수지 접착제를 첨가하여 열과 압력을 가해 제조한 판상제품으로 상판, 칸막이벽, 가구재로 사용, 합판에 비해 휨강도 저하됨.
- **MDF(medium density fiber board)** : 톱밥을 압축가공하고 접착재를 사용해서 만든 제품으로 인테리어의 바탕재로 많이 사용됨.
- **코펜하겐리브** : 방송국, 영화관, 강당 등 음향효과가 필요한 벽체에 사용되는 것으로 목재의 표면을 리브형태로 가공하여 제작함.

(7) 비철금속

철을 제외한 금속재료를 비철금속이라 하며 강도는 철에 비해 약하지만 내식성, 전성, 열전도율, 경량성, 녹슬지 않는 점 등이 있어 건축물의 마감재료로 널리 사용되고 있다.

구리와 합금

구리는 전기전도성, 열전도성, 내식성 등이 우수하여 전선 등에 많이 사용되어 왔고 구리와 다른 재료의 합금으로 냉난방용 배관, 지붕재, 창호철물, 홈통 등의 제작에 다양하게 사용되고 있다.

구리(Cu)에 아연(Zn)의 합금을 황동이라 하며 노란색을 띠어 색이 아름답고 우수한 기계적 성질로 창문의 레일, 장식철물 등에 사용된다. 계단논슬립, 줄눈, 파이프류, 코너비드, 창문레일 등 건축용 자재에 사용되는 황동은 아연을 15% 정도 함유한 단련황동을 주로 이용한다.

청동은 구리에 주석(Sn)의 합금으로 청녹색을 띠고 황동보다 내식성이 우수하고 주조하기 쉬워 건축장식철물, 미술장식품 등에 많이 사용된다.

알루미늄과 합금

알루미늄(Al)은 비중이 철의 1/3 정도(2.7)로 작은 금속으로 내식성이 강하고 열전도율, 열팽창계수 등이 높다. 전연성이 뛰어나 판 · 선 · 봉 등으로 가공하기 쉽고 복잡한 형상도 만들기가 용이하다. 알루미늄 및 합금으로 강도를 크게 한 형재, 판재, 판, 선을 만들어 새시, 문 등의 창호재를 제작하여 많이 사용하며 최근에는 유리와 함께 고층건물의 외벽체를 구성하는 커튼월(curtain wall)을 만드는 주요재료로 이용된다.

또한 알루미늄은 표면을 처리하여 피막을 입히는 방법으로 내식성과 내구성을 증가시키고 광택 등을 좋게 하여 지붕재, 천장재, 창호재, 외벽마감재, 콘크리트 거푸집, 싱크대, 조명기구 등으로 다양하게 이용한다.

그러나 알루미늄은 산, 알칼리에 약하므로 해안가 건물, 콘크리트, 시멘트모르타르를 사용한 건물 등에서는 직접 닿지 않도록 주의하고 직접 닿는 부분에는 내알칼리성 도료를 칠해야 한다.

납과 합금

납(Pb)은 융점이 낮고 가공이 쉬우며 비중이 큰(11.4) 재료이다. 내식성도 우수하고 방사선 투과율이 적어 병원 등의 방사선 차폐용 벽체 구성에 사용된다. 또한 물에서는 표면에 불활성 탄산염 피막이 생겨 수도관으로도 사용된다.

(8) 유리

유리의 성질

유리는 규산(SiO_2), 소다(Na_2O), 석회(CaO)를 주성분으로 하여 1,400~1,500℃의 고온에서 용융시켜 상온에서 냉각, 동결하여 만드는 것으로 일반적으로 투명하고 역학적으로 이상적인 탄성체이다. 유리는 취성이 강한 재료로 파괴에 이르기까지 응력과 변형의 관계가 직선적으로 되며 단시간에 파손된다. 유리는 용도에 따라 내 · 외부 벽체용, 창문, 출입구 등 다양한 제품으로 개발되어 사용되고 있는데 용도에 따라 유리의 흡수율과 투과율의 비율을 조정하여 사용한다.

유리의 종류

유리는 화학적 성분 및 용도에 따라 다양하며 크게 판유리와 성형유리로 구분할 수 있다. 건물 외부에 사용되는 유리는 보통 판유리로 일반창호에는 보통 2~3mm의 판유리가 사용되며, 건물외벽에는 차음성, 단열성, 결로방지 등을 고려하여 유리와 유리 사이에 공간을 두고 유리 2장 또는 3장으로 제작된 복층유리(페어글라스)가 주로 사용된다.

유리블록은 내부에 건조공기를 봉입한 속이 빈 중공유리 블록이며 단열 및 채광을 위해 벽체, 바닥, 천장 등에 장식용으로 사용한다.

표 3-9 | 유리의 종류

종 류	특 성	용 도
보통판유리	가장 일반적인 유리로 투명판유리와 흐린판 유리가 있음 두께 1.9, 3, 5, 6mm로 4가지	일반 창호유리
연마유리	한 면 또는 양면을 갈아서 평활하게 마감하여 광선의 반사나 굴절이 적음	쇼윈도 등 진열용 창
망입유리	유리판 중심에 격자형이나 미름모형의 철선을 넣은 것으로 파괴 시 유리파편이 튀지 않음	방화용 창호
무늬유리	한 면에 각종 무늬모양을 넣은 것	시야 가리개용

강화유리	유리를 600℃ 이상으로 가열하여 급랭(담금질), 강도 약 5배 강화, 파편이 작아 부상방지, 가공절단이 불가	자동차 유리, 현관문
접합유리	두 장 이상의 판유리를 비닐, 합성수지를 중간 막으로 접합한 것으로 안전성이 크고 파손 시 파편이 튀지 않음	방탄유리, 은행, 귀중품 진열장
자외선투과유리	자외선을 50~90% 내외를 투과시킴	일광욕실, 병원
자외선차단유리	색상이 변하는 것을 방지하고 채광이 필요한 곳에 사용	진열창, 식 · 약품 창고
복층유리 (pair glass)	2장 또는 3장의 유리를 일정한 간격을 두고 내부를 기밀하게 만든 후 여기에 건조공기나 특수가스를 넣은 것으로 방음, 방서, 단열효과 기대	건물 외부창호
열선흡수유리	보통판유리의 원료에 소량의 철, 니켈, 코발트 등의 금속을 넣어 착색시킨 유리로 태양광선 중의 장파부분 흡수하며 자외선, 적외선, 가시광선 등은 투과억제	서향일광용
열선반사유리	판유리의 표면에 반사율이 높은 금속산화물 막을 코팅하여 표면반사율을 높인 유리	태양의 열선차단용
유리블록	벽돌이나 콘크리트블록 모양으로 만든 속이 빈 유리제 블록으로 빛이 필요한 벽체 등에 사용	병원 등 사용
스테인드글라스	색유리의 도안에 따라 일정한 형태로 제작한 것	종교건축물(성당)
색유리	유리에 착색제를 넣어 다양한 색상을 내는 유리	벽, 천장 등
매직유리	어두운 쪽에서는 안 보이고 밝은 쪽에서는 보이도록 한 유리	현관문

(9) 미장재

미장은 건물의 바닥, 천장, 벽체 등 각 부위를 보호, 미화, 방습, 내화, 성능개선 및 치장을 목적으로 주로 바르거나 뿜칠하여 적절한 두께로 마감하는 재료이다. 미장재는 진흙, 석회(회반죽), 석고플라스터, 모르타르 등이 있으며 보통 여러 번에 나누어 일정한 두께로 바른다.

미장재료는 타 재료와 혼합하여 사용하면 내화, 방수 및 단열효과 등을 크게 할 수 있고 다양한 형태로 마무리할 수 있다.

미장재료의 구성

미장재료는 구성재료에 따라 다음과 같이 분류할 수 있다.

- **결합재** : 미장바름의 주체가 되는 재료, 시멘트, 회반죽, 진흙 등으로 바름벽의 강도를 내는데 필요한 재료
- **골재** : 결합재의 균열 및 점성 부족 보완, 응결 및 경화시간 조절 등을 목적으로 사용

재료로 다량으로 사용하므로 바름벽의 성능에 영향이 큰 재료, 모래, 경량골재, 종석 등

- **혼화재료** : 미장재의 성능개선을 위해 혼합하는 재료로 방수, 내화 및 단열 등의 효과 기대
- **보강재** : 균열방지를 목적으로 사용, 여물, 수염, 와이어메시, 메탈라스 등

■ 여물

- 짚여물, 삼여물, 종이여물 등으로 미장시에 재료에 끈기를 주고 균열과 탈락을 방지

■ 수염

- 삼, 종려털, 마닐라 삼 등으로 20~30cm 간격으로 배치하여 초벌바름과 재벌바름에 묻혀 발라서 바름벽이 바탕에서 탈락되는 것을 방지

■ 풀

- 바름재료의 부착력을 향상시키기 위해 사용하는 것으로 끓인 해초풀 등

미장재료의 분류

미장재료는 공기중에서 경화하는 기경성, 물과 만나서 반응하여 경화하는 수경성, 사용한 재료 사이의 화학반응에 의해 경화하는 화학경화성, 액체상태에서 고체로 변화는 고화성과 같이 경화기구에 따라 다음과 같이 분류할 수 있다.

표 3-10 | 경화기구에 따른 미장재료의 분류

구분	재료	내용
기 경 성 (공기중의 탄산가스와 반응하여 경화)	회반죽(소석회)	석회석을 구운 생석회에 물, 모래, 해초풀, 여물 등 첨가
	돌로마이트플라스터	돌로마이트(백운석)에 모래, 여물 혼합
	석회크림	생석회에 다량의 물 첨가
수 경 성 (물과 화학반응으로 경화)	시멘트모르타르	시멘트에 모래, 물 혼합
	혼합석고플라스터	소석고에 소석회와 돌로마이트 혼합
	경석고플라스터	석고 원석을 500~900℃로 소성한 무수석고가 주요재료(킨즈시멘트라고도 함)
	보드용 석고플라스터	혼합석고플라스터의 석고분을 많게 하여 접착력과 강도를 크게 함

- **시멘트모르타르** : 미장재료로 가장 많이 사용되는 것으로 시멘트, 모래, 물을 기본배합으로 하고 필요에 의해 혼화제를 사용한다. 주로 콘크리트 바탕의 바닥, 벽체 및 천

장 등에 바르며 초벌바름, 재벌바름, 정벌바름으로 나누어 발라 탈락 및 균열예방을 방지한다.

- **석고플라스터** : 황산칼슘이 주성분인 석고를 주원료로 하고 혼화재료(돌로마이트플라스터, 점토 등), 접착제, 응결시간조절제 등을 혼합한 것으로 혼합석고플라스터, 소석고플라스터, 순석고(크림용)플라스터, 보드용 석고플라스터가 있다.
- **소석회와 회반죽** : 석회암을 소성하여 얻은 생석회에 물을 첨가하여 얻은 소석회를 미장용 회반죽으로 사용한다. 회반죽은 소석회에 모래, 해초풀, 여물 등을 첨가한 미장재료이다.
- **돌로마이트플라스터** : 돌로마이트를 석회암과 같이 가열소성한 후 소화해서 돌로마이트플라스터를 제조한다. 소석회에 비해 점성이 높고 작업성이 좋으나 건조수축이 크다.

바름공정

미장재료는 바탕과 접착이 잘되고 균열과 박리현상이 없어야 하며 평탄해야 한다. 일반적으로 미장작업의 공정순서는 바탕면을 고른 후 초벌바름, 재벌바름, 정벌바름 및 마무리 작업으로 이루어진다. 각 공정마다 충분한 경화시간을 두고 수정작업 후에 다음 단계의 작업을 실시한다.

- **바탕고르기** : 미장바름이 바탕과 일체가 되도록 결함을 없애고 흡습을 조정하는 것으로 바탕면의 재료와 상태에 따라 조절하며 추후 바름작업과 일체가 되고 오염되지 않도록 견고하고 깨끗하게 면을 정리한다.
- **초벌바름** : 바탕면과의 접착을 주목적으로 하며 바탕의 요철을 줄이는 작업으로 바탕의 요철이 심한 경우는 더욱 유의하여 바른다.
- **재벌바름** : 바탕과 마감바름을 연결하며 평탄성을 유지하면서 바른다. 얇은 바름이 되도록 하고 평탄하고 흡입이 균일하도록 한다.
- **정벌바름** : 치장을 목적으로 바르며 일정한 무늬를 형성하기도 하고 균열발생 등 표면으로 결함이 드러나는 작업과정이므로 유의하여 바른다.
- **마무리 작업** : 요철, 표면의 연마 등 최종적으로 미장바름면의 잘못된 점을 수정하는 작업과정이다.

(10) 타일

타일은 점토 또는 암석분말을 이용하여 만들며 색상을 넣기 위해 금속산화물의 착색제가 사용된다. 타일은 내구성이 좋고 흡수율이 작으며, 가볍고, 형태와 색상이 다양하여 외 · 내장재로 많이 사용되어 왔으며, 최근에는 주로 내장재로 사용되고 있다.

타일의 분류

타일은 사용하는 부위에 따라 내장타일, 외장타일, 바닥타일, 벽타일 등으로 구분할 수 있고 쇠의 질에 따라 자기질, 도기질, 석기질 타일로 또 시유 유무에 따라 시유타일, 무유타일 등으로 구분한다.

- 용도에 의한 분류 : 내장타일, 외장타일, 바닥타일, 모자이크타일
- 소지질에 의한 분류 : 도기질타일, 자기질타일, 석기질타일
- 유약 유무에 의한 분류 : 무유타일, 시유타일

표 3-11 | 소지의 질에 의한 타일의 구분

구 분	흡수율(%)	색 상	적 용 타 일
도기질	10 이상	백색, 유색	내장
석기질	1~10	유색	내장, 외장, 바닥, 클링커
자기질	1 미만	백색	내장, 외장, 바닥, 모자이크

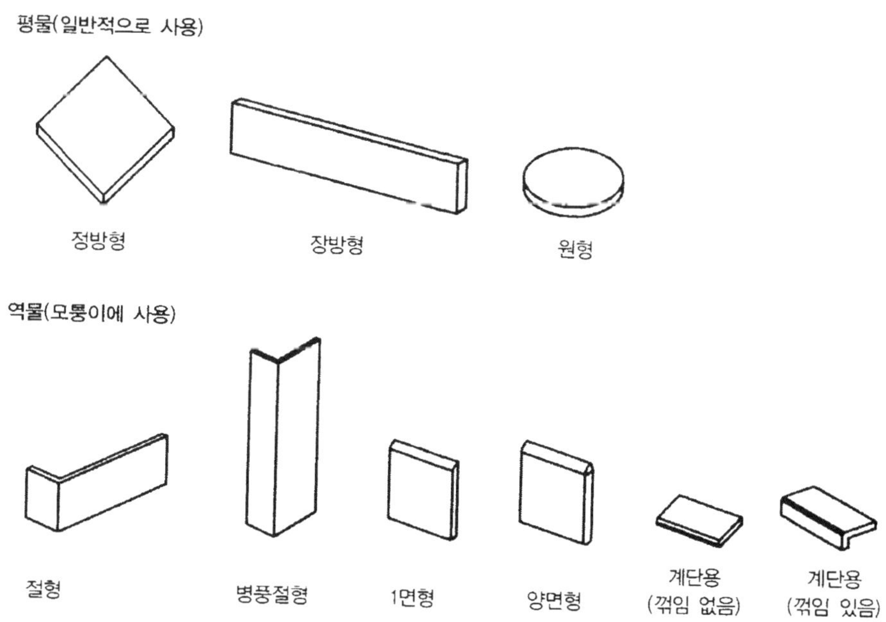

그림 3-10 | 타일의 형태

(11) 도장재(페인트류)

도장은 물체의 표면에 도료를 칠하여 건조된 도막을 만들어 내식성, 단열성, 방수성, 내마모성 및 내구성 등을 향상시킨다. 동시에 색상, 광택을 내어 건물을 아름답게 장식하고 방화, 곰팡이 방지, 내약품성, 내오염성 등의 성능개선의 목적도 있다. 도장은 얇게 표면을 여러 번 칠하여 소정의 두께로 만들며 다시 칠을 할 때는 먼저 칠한 층이 완전히 경화한 후 칠을 해야 한다. 도료를 물체에 칠하는 것을 도장, 바른 도료가 얇은 층으로 고화하는 것을 건조, 건조한 후 생기는 피막을 도막이라고 한다.

페인트의 구성원료

보통페인트는 도막을 구성하는 부분, 전색제, 안료 및 용제로 구성된다.

- **도막형성 요소** : 도막을 만들기 위해 도료에 포함되는 성분을 도막형성 주요소라 하며 도막의 아름다움, 형태 및 특성을 표현하며 도막형성 주요소와 도막형성 부요소로 구분함
  - 도막형성 주요소 : 피막을 형성하는 요소로 유지나 수지 등이 있음
  - 도막형성 부요소 : 도료, 도막형성 및 도막의 성능을 개선하기 위한 첨가제(가소제, 건조제, 경화제 등)
- **전색제** : 도료가 액체상태로 있을 때 안료를 분산현탁시키고 있는 매질부분을 말하며 도장 후 공기와 접촉하여 산화피막을 형성하는 것으로 건성유(아마인유, 오동유, 삼씨기름)와 반건성유(콩기름, 참기름, 어유)로 구분함
- **안료** : 용제에 녹지 않는 색이 있는 분말로 전색제와 혼합하여 도료의 착색, 녹을 방지하는 기능을 하며 유색의 불투명한 도막을 형성시켜 도막에 색을 주고 내구성을 증대시킴, 성분에 의해 유기안료와 무기안료로 구분함
- **도막형성 조요소** : 도료에 적합한 농도를 맞추기 위해 사용하는 휘발성 액체로 용제나 희석을 말하며 흔히 시너라고도 부름

도료의 종류

도료를 분류하는 방법은 다양하지만 주요 종류를 성분에 따라 분류하면 다음과 같다.

표 3-12 | 도료의 종류

페인트	수성페인트	안료+아교 또는 카세인+물
	유성페인트	안료+보일유(건성유+건조제)+희석제
	에나멜페인트	유성바니시+안료 또는 유성페인트+유지
바니시	유성바니시	수지+건성유+희석제
	휘발성바니시	수지+휘발성용제+안료
합성수지도료	용제형	합성수지+용제+안료
	에멀션형	합성수지+유화제+안료+물
	무용제형	중합제+안료
옻 칠	생옻칠	칠나무에서 채취한 것
	정제칠	생칠을 가열, 정제한 것

수성페인트는 물을 용제로 사용한 것으로 칠한 면은 내수성이 없어 실내용 도료로 사용하는 것이 적합하며 모르타르와 같이 바탕면이 습식인 경우에 적절하다. 또한 물을 사용하므로 공해가 적고 화재발생의 위험이 적으며 광택이 없다. 반면 유성페인트는 보일드유를 용제로 사용하므로 건조가 늦고 내약품성, 변색 등이 발생할 수 있으며 표면에 광택이 있다.

특수도료로는 금속면을 보호하고 녹스는 것을 방지하는 방청페인트, 연소를 방지하거나 지연시키는 방화페인트, 곰팡이 발생을 방지하는 방균페인트 등이 있다.

(12) 합성수지(플라스틱)

일반적으로 플라스틱이라고 불리는 합성수지는 석탄, 석유, 천연가스 등의 원료에서 얻은 재료를 인공적으로 합성하여 만든 고분자 물질이다. 합성수지 제품으로 타일, 평판, 도료, 접착제, 실링제 등 건축용 재료로 많은 것을 만들 수 있고 사용량이 증가하고 있다. 플라스틱을 이용한 건축재료는 지붕재, 천장재, 바닥재, 단열재, 도장재 등으로 다양하고 광범위하게 사용된다.

합성수지의 장 · 단점

- 장점
  - 경량이면서 고강도 : 비중이 알루미늄의 1/3 정도, 강도/중량비가 2.2 정도
  - 가공성이 우수함 : 치수나 형상에 무관하게 성형과 주형이 용이함
  - 내수성 및 내흡습성 : 일반적으로 물에 흡수되지 않거나 방수성이 큼

– 내약품 및 절연성 : 내약품성이 일반재료에 비해 강하고 전기절연성이 큼
– 내마모성 : 내마모성이 일반재료에 비해 우수하여 바닥재 등에 사용
– 다양한 색상 : 적절한 안료나 염료를 첨가하면 여러 색상이 가능함

- 단점
  – 응력과 변형(소성변형) : 응력의 작용 시에 탄성한계의 구별이 어려움
  – 탄성이 적음 : 탄성계수가 철의 1/50~1/100 정도로 적음
  – 적은 내열성 및 가연성 : 열에 의한 변형과 가연성이 있음
  – 팽창성 및 수축성 : 열에 의한 팽창과 수축이 큼
  – 내구성 저하 : 오랫동안 태양에 노출되면 강도가 저하되고 노화됨

합성수지의 종류

대표적 합성수지인 플라스틱은 가열하면 연화 또는 융해되어 재사용할 수 있는 가소성 플라스틱과 한 번 경화 후에는 가열에 의해 용해되지 않아 다시 사용할 수 없는 경화성 플라스틱으로 구분할 수 있다.

- **열가소성수지** : 가열하거나 용제에 녹이면 연하게 되어 가소성을 나타내어 재사용하고 가공할 수 있는 수지이며, 가열해도 물리적 변화만 나타나고 화학구조의 변화가 없는 수지로 염화비닐수지, 질산비닐수지, 폴리프로필렌수지, 폴리에틸렌수지, 아크릴수지 등이 해당됨
- **열경화성수지** : 가열하거나 용제에 의해서도 다시 용해되지 않는 수지로 열과 압력을 가하면 가소성이 나타나 원하는 형태를 만들 수 있으나 한 번 사용한 수지는 화학구조가 달라져 열을 가해도 가소성이 없어 재사용이 불가능한 수지로 페놀수지, 요소수지, 멜라민수지, 알키드수지, 에폭시수지, 실리콘수지 등이 해당됨

고합성수지 제품

- 구조재료
  – 레진콘크리트 : 시멘트 결합재 대신에 액상수지를 골재와 혼합하여 콘크리트 제조
  – 폴리머함침콘크리트 : 콘크리트에 액상의 폴리머를 침수시켜 시멘트와 폴리머를 일체화한 콘크리트
  – 폴리머시멘트콘크리트 : 시멘트와 폴리머를 혼합하여 결합재로 사용한 콘크리트

- 바닥재
  - 타일형 바닥재 : 경질비닐타일, 리놀륨타일, 아스팔트타일, 고무타일 등
  - 시트형 바닥재 : 리놀륨시트, 염화비닐수지 시트류
  - 바름 바닥재 : 콘크리트 바탕에 바름
- 방수재료
  - 차수막과 방수막 : 토압벽 뒷면의 침하 등 방지하는 차수막, 매립지 등의 뒷채움 토사의 유실을 방지하는 방사막에 필름류(폴리에틸렌, 염화비닐 등) 및 천류(부직포, 직물류) 사용
  - 차수판(지수널판) : 하천제방 등에서 수위를 낮출 목적으로 폴리염화비닐시트 등의 차수판 사용
  - 방수시트 : 지하층방수, 옥상방수 등에 폴리염화비닐, 폴리에틸렌 시트류 등 사용
- 방식재료
  - 코팅재 및 라이닝 : 에폭시, 폴리에스테르, 불소수지 등으로 피복층을 형성해주는 것으로 피복두께가 0.3~0.5mm 정도는 코팅, 0.5~3mm 정도는 라이닝이라 함
- 실링재
  - 지수도막 : 콘크리트의 이음부분에 폴리염화비닐계 재료를 사용하여 지수효과 기대
  - 신축이음재 : 온도변화 등으로 콘크리트에 변형이 발생하므로 이를 방지하기 위해 폴리에틸렌, 폴리우레탄 등의 재료로 일정한 간격으로 신축이음재 설치
  - 개스킷 : 커튼월, 배관이음 등에 사용되는 개스킷을 폴리우레탄, 부틸고무 등으로 제작
  - 탄성실링재 : 콘크리트의 신축조인트 등에 사용되는 실링재로 실리콘, 치오콜 등을 사용
- 배관자재
  - 경질염화비닐관, 폴리염화비닐관, 폴리에틸렌관 등

3.6.2 성능별 재료

(1) 방수재료

재료 내부의 물은 액체 또는 기체(습기)상태로 전달된다. 건물에 물이 침입하면 구조물의 강도, 단열성 등의 저하, 재료의 체적팽창, 누수현상 발생으로 실내를 오염시키고 내구성이 저하되는 등 많은 문제를 일으킨다. 그러므로 건물에서 물을 사용하는 공간이나 물의 침입이 예상되는 부위에는 사전에 물의 침입을 예방하기 위해 방수공사를 실시한다. 방수재료는 불투수층을 형성하여 건축물에 물의 침입을 예방하는 재료이며, 보통 얇은 막 재료를 사용하여 건축물의 필요한 부위에 피막을 구성하는 방법이다.

방수재료로 사용되는 주재료는 다음과 같다.

- 아스팔트 : 석유의 정제과정에서 발생하는 고형 또는 반고형 물질로 스트레이트아스팔트와 블로운아스팔트가 있다. 아스팔트펠트(asphalt felt)와 아스팔트루핑(asphalt roofing)으로 방수지를 만들어 사용하며, 아스파트펠트는 목면, 마사, 폐지 등을 원료로 한 원지에 스트레이트 아스팔트를 충분히 흡수시켜 만들어 방수지로 사용하고, 아스팔트펠트 양면에 다시 블로운아스팔트를 바르고 그 위에 활석, 운모, 규조토 등의 분말을 뿌려 지붕재로 사용함
- 시멘트방수제 : 모르타르 또는 콘크리트에 혼합하여 사용하면 공극을 메우는 수밀성을 증가시키는 액체방수제, 분말방수제 등
- 시트방수재 : 합성수지 또는 개량아스팔트 등으로 성형한 얇은 시트(sheet)
- 도막방수재 : 합성고무나 합성수지의 유제 또는 용제를 도포하여 일정한 두께의 방수 피막 형성

방수공법별 주요재료

표 3-13 | 방수 주요재료

방수공법	주 요 재 료
아스팔트방수	아스팔트프라이머, 아스팔트, 아스팔트루핑, 단열재
시트방수	프라이머, 접착제, 합성고분자시트재
도막방수	프라이머, 보강재, 완충재, 도막재(우레탄, 아크릴고무, 고무아스팔트)
금속판방수	동판, 스테인리스스틸, 티탄시트 등의 금속재
침투성방수	시멘트, 물(폴리머), 규사, 규산질분말
시멘트액체방수	시멘트, 방수제(염화칼슘, 규산나트륨 등)
발수공사	실리콘 또는 비실리콘계의 유기질 용액,

(2) 단열재료

열의 이동을 억제하고 차단하는데 목적이 있는 단열재는 건물의 필요한 부위에 설치하여 내부의 열이 외부로 빠져나가는 것과 외부의 열이 내부로 들어오는 것을 방지하는 역할을 한다. 또한 건물의 온도를 일정하게 유지하고 관리하기 위해 사용한다. 단열재는 보통 다공질의 재료이며 흡음성도 양호하고 열전도율이 낮은 것이 단열성이 좋은 재료이다. 단열재를 선정할 경우에는 열전도율과 흡수율이 낮고, 화학적 · 물리적으로 안정되어야 하며, 유독가스 발생이나 변질되지 않아야 하고, 시공하기가 용이해야 한다.

단열재료는 일반적으로 다공질의 재료가 많으며 열전도율이 적은 것이 많으며, 무기질계와 유기질계로 구분할 수 있다.

무기질계 단열재

- **유리섬유(glass fiber)** : 유리를 만드는 원료를 녹여 압축공기로 날려서 면상으로 만들고 냉각시켜가는 섬유로 만든 것으로 주택용 단열재 등으로 사용
- **암면(rock wool)** : 현무암, 안산암 등을 고열로 용융시켜 압축공기 또는 고압증기 등으로 섬유형태로 만든 것으로 암면펠트, 암면판 등이 있으며 철골구조의 내화피복재로 많이 사용함
- **규산칼슘판** : 규산질분말, 석회, 보강섬유를 주원료로 하여 오토클레이브 양생으로 만든 것으로 철골구조의 내화피복재로 사용함

- **펄라이트판** : 펄라이트, 접착제, 무기질섬유를 혼합하여 만든 것

유기질계 단열재

- **연질섬유판** : 식물섬유를 이용하여 판상으로 만든 것으로 건축용 단열재로 사용함
- **발포폴리스티렌** : 폴리스티렌 수지에 발포제를 넣어 기포를 형성시켜 만든 것으로 스티로플 또는 스티로폼이라고도 하며 판상 또는 원통형태로 제작함
- **폴리우레탄폼** : 폴리올과 폴리소시아네이트에 발포제를 혼합하여 만든 것
- **우레아폼** : 비료공장에서 나오는 요소와 포르말린으로 만든 요소수지에 경화제와 공기를 사용하여 현장에서 발포시켜서 사용

(3) 음향재료

재료에 음파가 입사하면 일부는 반사되고 나머지는 재료 내부의 마찰저항, 점성저항 등에 의해 열에너지로 발산되거나 재료를 투과한다. 재료에 입사한 음의 에너지는 반사되거나 흡수되어 실제로 재료를 투과하는 음의 에너지는 작아진다.

음향재료는 음의 흡음 또는 차음을 위해 사용되는 재료를 말하며, 강당, 예술회관, 콘서트홀 등 음향설계가 되어 있는 실의 용도에 따라 음의 차단과 흡수를 고려하여 사용하게 된다. 흡음성능은 흡음재료의 설치 위치 및 방법, 표면의 마감처리상태, 재료두께, 밀도 등에 따라 달라진다.

■ 흡음
- 재료 표면에 입사하는 음에너지의 일부를 흡수하여 반사음을 감소시키는 것으로 음의 에너지가 재료에 따라서 흡수되는 효율을 흡음률로 표현

■ 차음
- 음이 전달되는 것을 방해하는 것으로 투과음을 적게 하는 것으로 차음성능은 입사한 음에너지에 대한 투과에너지의 정도

흡음재료

흡음재료는 다공질흡음재료, 판 및 막상흡음재료, 유공흡음재료가 있다.

- **다공질흡음재료** : 다공질 재료나 섬유질 재료와 같이 재료 속에 작은 구멍이 균일하게 분포되어 있는 재료로 흡음성능과 단열성능 우수함, 다공질 재료로는 암면, 유리면, 목모시멘트판, 목편시멘트판 등이 있음
- **판상흡음재료** : 판상흡음재료는 재료가 판상인 합판, 섬유판, 석면판, 석고보드 등이며 흡음성능은 판의 재료 및 두께, 중량, 시공방법 등에 좌우됨
- **막상흡음재료** : 막상흡음재료는 폴리염화비닐시트, 폴리에틸렌시트 등과 같이 얇은 막으로 된 재료로 자체만으로는 흡음성능이 떨어지므로 뒷면에 섬유재를 부착하거나 적절한 공기층을 둠
- **유공흡음재료** : 유공흡음재료는 판에 구멍을 뚫은 것으로 합판, 석고보드, 시멘트석면판, 알루미늄판 등에 작은 구멍을 뚫어 흡음성능을 갖도록 한 것이며 흡음효과는 음의 주파수, 구멍의 크기 및 형상, 공기층 두께 등에 따라 좌우됨

차음재료

차음은 음파를 차폐하는 벽체재료 및 단면의 구조를 함께 고려해야 한다.

차음재료는 차음성능이 높은 재료로 일반적으로 재질이 단단하고 중량이 큰 재료가 차음성능이 크다. 또한 단일재료보다는 두 개 이상의 재료를 조합한 복합재료의 차음성능이 각 재료의 성능의 합으로 나타나지는 않으며 조합방법에 따라 차음성능이 저하될 경우도 있으므로 유의해야 한다.

이중벽을 사용하여 차음성능을 높이고자 할 때는 두 재료 사이의 이격거리와 재료의 흡음성을 고려하여야 한다.

(4) 방화 및 내화재료

건축물에 사용하는 재료는 화재에 강하고 유독가스의 발생이 적은 재료를 선정해야 한다. 방화재료는 화재시에 인접화재로 인한 연소방지와 건물 내에서 불이 붙는 것을 방지하는 성능을 가진 재료이다.

방화재료

방화재료의 종류는 불연재료, 준불연재료, 난연재료로 구분한다.

- **불연재료** : 불에 타지 않는 성질을 가진 재료로 화재 발생시 가열에 대해 연소되지 않

고 또한 방화상 유해한 변형, 균열, 손상이 없으며, 유해한 연기나 가스를 발생시키지 않는 성능이 요구되는 재료, 콘크리트, 석재, 벽돌, 기와 등

- **준불연재료** : 준불연재료는 통상의 화재 발생시 10분간의 화열(최고온도 약 650℃)에 대해 방화 성능상 약간의 피해는 인정하지만 변형, 파손, 연소성의 발염이 없어야 하며, 10분간 가열 후 잔염시간이 30초를 초과하지 않는 것, 연소에 의해 화재를 확대시키지 않는 재료로 석고보드, 목모시멘트판, 목편시멘트판 등이 해당됨
- **난연재료** : 불에 잘 타지 않는 성질을 가진 재료로 통상의 화재에 6분간의 화열(최고온도 약 500℃)에 대해 방화 성능상 유해한 변형, 파손, 발염 등이 생기지 않는 것, 난연합판, 난연섬유판 등

내화재료

내화성을 가진 재료로 화재 시에 조직이 변하지 않고 소정의 강도와 구조체를 유지하는 재료이며, 화재구획으로부터 다른 구획으로 연소를 저지하는 성능을 가진 재료이다.

내화재료는 방화재료 중에서 고온 가열 시의 단열성이 뛰어나고 강도저하가 적고, 팽창 및 수축 등으로 변형이나 균열이 발생하지 않으며, 불연성이 있는 재료가 사용된다.

철골구조 건축물에서는 피복재로 내화재료를 사용하며 대부분 무기질계의 불연성재료가 사용된다.

내화재료로는 규산칼슘판 같은 성형판, 암면 등의 뿜칠, 콘크리트, 내화벽돌, 모르타르 등이 사용되며 많이 사용되던 석면은 질병 및 공해를 유발하므로 사용하지 않고 있다.

3.7 건축물 부위별 재료

3.7.1 바닥재료

바닥은 사람들의 보행과 직접 관련이 있고 직접하중을 받으므로 미끄러짐 등의 안전사고가 발생하지 않아야 하며 보행의 높은 빈도에도 마모나 손상이 적어야 하므로 내구성, 내마모성, 내충격성 등이 요구된다.

이를 위해서 바닥재료, 바닥바탕 및 바닥구조의 재료선정, 설계 및 시공에 대한 사전검토

가 이루어져야 한다.

바닥재료의 요구성능

건물의 사용목적에 따라 다양하나 다음과 같은 성능이 요구된다.

- **내용적 성능** : 외부로부터 작용에 대응하는 것(외력, 물, 불, 기후, 균류 및 충류, 약품류 등)
- **기능적 성능** : 주로 인간의 생리작용에 영향을 주는 것(빛, 차음, 단열, 공기 등)
- **감각적 성능** : 인간의 감각과 관계되는 것(색상, 감촉, 의장성 등)
- **설계 · 시공, 경제적 성능** : 설계, 시공 및 생산과 관계되는 것(가격, 공법, 경제성 등)

바닥재료 공법

바닥의 성능은 구조체, 바닥바탕 마감재의 선택과 공법이 일치되어야 확보되며, 특히 바닥바탕은 바닥마감의 품질에 큰 영향을 미친다.

바닥마감재료는 공법에 따라 붙임재료, 바름재료, 깔기재료로 구분할 수 있다.

- **붙임바닥** : 바닥 바탕 위에 마감재류를 고정철물이나 접착제로 고정하는 것(미루널핀, 도기질타일, 대리석, 비닐타일, 리놀륨, 고무시트 등)
- **바름바닥** : 바닥 바탕 위에 마감재를 바름공법으로 마감하는 것(시멘트모르타르, 인조석바름, 테라조바름, 단열모르타르 등)
- **깔기바닥** : 바닥 바탕 위에 마감재를 깔아서 마감하는 것(카펫, 장판지, 돗자리 등)

3.7.2 벽체재료

벽체는 외벽과 내벽으로 구분할 수 있으며, 건축물 부위에서 벽체가 가장 넓은 면적을 차지하므로 다른 부위의 재료와의 연관성을 고려하여 선정하는 것이 좋다. 외벽과 내벽, 내력벽과 비내력벽에 따라 요구성능이 다르므로 이를 고려하고, 공간의 분위기 연출, 시각적 효과 등을 고려하여 적합한 재료를 선정한다.

벽은 열, 빛, 공기, 음 등을 차단하고 받아들이는 부위로 외벽은 내벽보다 더욱 더 많은 기능이 요구된다. 외벽은 실내와 실외를 구분하며 빛과 열, 음을 차단 또는 흡수하는 역할을 해야 쾌적한 실내환경을 만들 수 있다. 벽체의 요구성능은 방화, 단열, 차음, 흡음, 수밀, 내후성 등이며 외벽의 경우는 방화성능이 중요하고, 내벽에서는 차음과 흡음성능이 중요하다.

외벽재료

외벽재료는 판벽, 바름벽, 붙임벽 및 커튼월 등으로 구분할 수 있으며 많이 사용하는 재료는 다음과 같다.

- **판벽** : 판재, 쪽매 등
- **바름벽** : 시멘트모르타르, 회반죽, 석고플라스터 등
- **붙임벽** : 타일, 석재, 석면시멘트판 등
- **커튼월** : 금속판, PC판 등의 조립식 패널
- **기타** : 도장재료 등

내벽재료

내벽재료는 판벽, 바름벽, 붙임벽, 특수벽 등으로 구분하고 일반적으로 사용하는 재료는 다음과 같다.

- **판벽** : 판재, 징두리판벽 등
- **바름벽** : 시멘트모르타르, 회반죽, 인조석바름재 등
- **붙임벽** : 합판, 섬유판, 합성수지판, 석재 등
- **특수벽** : 경량칸막이, 각종 특수재료 사용(보온, 방음, 방화, 방습 등)
- **기타** : 도장재료, 벽지 등

3.7.3 천장재료

천장은 인간이 직접 접촉하지 않는 부위로 공간을 구성하고 열, 빛, 음 등의 반사와 화재 발생시 안전성 확보에 중요한 역할을 한다. 천장은 일반적으로 지붕 밑 또는 위층의 바닥하부를 마감하는 부분을 말한다.

천장의 기능은 의장적인 실내의 공간구성, 조명효과, 방화, 흡음 및 반사와 관련이 있다.

천장재료는 바닥 및 벽재료에 비해 가볍고 흡음 및 차음성능이 양호하고 의장효과를 낼

수 있는 것이 좋다.

천장은 붙임천장, 제물마감천장, 반자틀천장, 시스템천장으로 구분할 수 있고 일반적으로 많이 사용하는 재료는 다음과 같다.

붙임천장 및 제물마감천장

철근콘크리트 슬래브 등의 하부에 직접마감을 하는 것으로 모르타르, 합성수지, 도배지 등 사용

반자틀천장

보나 슬래브에 반자틀을 구성하여 천장마감재를 부착하는 것으로 목재반자틀과 강제반자틀이 있으며, 바탕재로 합판, 플라스틱보드, 석고보드 등이 사용되고 마감재로 흡음텍스, 암면흡음판, 합성수지 보드, 도배지 등이 사용됨

시스템천장

사무소 건물 등의 천장에는 각종 전기 및 기계설비를 배치해야 하므로 사전에 천장구조를 계획하고 마감재로 암면흡음판 흡음텍스, 합성수지제품, 알루미늄천장판 등을 사용함

3.7.4 지붕재료

지붕은 외부에 직접 노출되어 공간을 덮는 것으로 비, 눈, 직사광선 등을 차단한다. 주요한 기능으로 외부로부터의 강수에 누수되지 않아야 하며, 외기의 찬공기로부터 단열성능이 확보되어야 하고, 이외에 소리의 차단, 각종 하중으로부터 구조내력의 확보 등을 들 수 있다.

지붕재료의 일반적인 요구조건

- 수밀성 및 방수성
- 내후성, 내식성 및 내구성,
- 내한성 및 내열성,
- 내화성 및 방화성,

– 경량성 및 강성
– 내풍성
– 미관성

지붕재료

지붕재료는 지붕바탕을 만드는 바탕깔기 재료와 지붕을 잇는 지붕깔기 재료로 구분할 수 있다.

- **바탕깔기 재료** : 아스팔트루핑, 아스팔트펠트, 합성고분자계시트 등
- **지붕깔기 재료** : 기와(도기기와, 시멘트기와), 금속판(동판, 스테인리스판, 알루미늄합금판, 아연도철판 등), 합성수지판, 막재료, 슬레이트, 아스팔트싱글 등

3.7.5 개구부재료

개구부는 채광, 환기, 통풍, 출입 등의 용도로 쓰이는 것으로 채광과 환기가 주용도인 창과 사람과 물건의 출입을 위한 문으로 구분할 수 있다.

개구부에 요구되는 성능으로는 강도, 기밀성, 내충격성, 내풍압성, 수밀성, 차음성, 단열성, 방화성, 개폐성, 디자인 등이 있다. 창호는 건물의 입면에서 눈에 잘 보이고 움직이므로 기능, 내구성능은 물론 디자인적인 요소로서의 역할도 매우 중요하다.

개구부에 사용되는 재료는 다음과 같다.

- **목재** : 각재, 합판, 판재, 집성재, 섬유판, 유리 등
- **금속재** : 강철판, 스테인리스판, 알루미늄합금 성형재, 유리 등
- **합성수지** : 합성수지 성형재, 유리 등

제 4 장

건축시공

4 건축시공

4.1 건축시공 일반사항

4.1.1 건축시공이란?

건축시공은 인간의 생활의 목적에 적합한 건축물을 지상, 지하, 수중 등의 공간을 이용하여 만드는 행위와 관련된 업무를 다루는 것이다.

설계도서(도면, 시방서 등)를 기초로 각종 인적 및 물적 자원을 사용하여 좋은 품질의 건축물을 경제적이고 안전하고 빠른 시간 내에 완성하는 것을 목적으로 한다. 시방서(示方書, specification)는 설계자의 의도를 시공자에게 전달할 목적으로 설계도면에 표현할 수 없는 사항(재료, 공법, 유의사항 등)을 글로 작성한 것이다.

4.1.2 건축물 시공순서

건축물은 일반적으로 건축주의 요구로 설계사무소에서 설계도면이 작성되면 건설회사는 설계도면과 시방서 등을 근거로 공사에 필요한 비용(재료비, 인건비, 장비비 등)을 산출하고 건축주와 협의하여 공사에 관한 계약을 체결하고 다음과 같이 공사를 진행한다.

(1) 공사착공 준비

건축주와 계약한 일정에 맞춰 현장을 개설하고 현장소장 이하 공사에 필요한 인원의 발령, 가설울타리, 현장사무실을 포함한 가설공사 및 측량, 공사 전반에 대한 시공계획의 수립, 관청의 인허가 처리 등이 이루어지고 착공식(기공식)을 한다.

(2) 가설공사

본 공사에 앞서 현장운영에 필요한 가시설물 등의 공사가 이루어지는데 가설울타리와 현장사무실 설치, 가설도로, 수도 및 전기인입 등 작업이 수행된다. 측량이 완료되고 기준점이 설치되면 이를 기준으로 바닥에 설계도면의 주요구조부재 위치 및 크기대로 먹을 놓아 대지위에 옮기는 작업이 행해진다. 이를 위해서 목수들이 줄을 치거나 규준틀 설치 또는 바닥에 직접 먹매김 작업을 실시한다.

(3) 토공사

건축물의 기초 및 지하층을 만들기 위해 터파기 공사를 실시한다.

(4) 구체공사

건축물의 형태, 즉 골조를 만든 공사가 이루어지는데 일반적으로 철근콘크리트나 철골자재 등을 사용하여 공사한다.

(5) 외부 및 내부 마감공사

구체공사가 어느 정도 진행되면 내부에 천장, 벽, 바닥의 순서로 마감공사가 진행되고 외부에도 마무리공사가 진행된다.

(6) 준공 및 건축물 인계

건축주와 계약한 대로 공사가 완료되어 건축물이 완성되면 건축주와 관청의 준공허가를 받아 건축물을 건축주에게 인계하고 남아 있던 공사대금을 받게 된다. 공사가 완료된 후에도 일정기간 건축물의 하자 보수작업을 하게 된다.

4.1.3 건축산업의 특수성

- 수주산업(주문생산)
- 상시 필수산업(인간생활 영위)
- 일회성 산업
- 노동 집약적 산업

- 자연조건, 기후의 영향
- 전문업체에 의한 생산

4.1.4 건설공사의 참여주체

(1) 발주자(owner, 사업주, 건축주)

건축물을 목적으로 건설사업을 시행하는 주체로 토지매입, 설계 및 공사 등에 소요되는 비용을 투자하여 시공자로부터 건축물을 인계받는다.

발주자는 공공부문과 민간부문으로 구분할 수 있으며, 발주자는 개인, 민간업체, 공공기관, 지방자치단체 또는 정부가 될 수 있다.

(2) 설계자(architect, 건축사, 건축설계사무소)

설계자는 발주자의 요청으로 건축물을 설계하는 주체로 설계업무는 건축(계획, 구조), 토목, 기계, 전기 및 조경설계 등이 포함된다.

건축설계는 일반적으로 면허를 소지한 건축사에 의해 이루어진다.

(3) 시공자(contractor, 건설업체, 건설회사)

시공자는 건축물을 짓는 주체로 발주자와 계약에 의해 공사를 수행하며 계약 시에 수령한 설계도서를 기본으로 양질의 건축물을 지정된 공기 내에 완성하고 계약된 금액(도급금액)을 대가로 받는다.

시공자는 원도급자(원도급 업체)와 하도급자(하도급 업체)로 구분한다.

- **원도급자** : 발주자와 직접 계약을 하고 공사를 수행하는 자
- **하도급자** : 원도급자로부터 공사의 종류에 따라 일부를 도급받아 공사를 수행하는 자

(4) 건설사업관리자 및 감리자

건설사업관리자(CM)는 발주자를 대신하여 설계, 입찰, 시공 및 유지관리 등의 업무를 수행하는 주체를 말한다.

- 대리인형 CM(CM for fee) : 발주자를 대신하여 기술적 서비스를 제공하고 보수를 받음
- 시공자형 CM(CM at risk) : 발주자와 도급계약을 맺고 원도급자로서 건설공사에 참여하고 이윤을 추구함

감리자는 설계도서 및 관련서류에 따라 공사가 적법하게 수행되는지를 확인하는 주체이다.

(5) 전문기술자

건축구조, 건축설비, 건축전기, 조경, 토목 등 건축물 공사와 관련되어 전문적인 기술을 제공하는 주체이다.

(6) 건설노무자(건설기능공)

건설노무자는 해당 분야의 기능을 보유하고 현장에서 일하는 사람으로 목공, 타일공, 용접공 등이며 숙련공과 비숙련공으로 구분할 수 있다.

4.1.5 주요 공사관리

(1) 공사계획

공사를 착수하기 전에 사전에 전체 공사과정을 예상하여 공사계획을 수립해야 하며 공사계획의 수립과 실행은 공사의 성패에 중요한 역할을 한다.
공사계획에 포함될 주요내용은 공정, 원가, 품질 및 안전에 대한 것이다.

(2) 원가관리

원가관리를 한다는 것은 건축주로부터 도급받은 금액을 토대로 공사에 필요한 실행예산을 작성하고 공사비를 절감할 수 있는 효율적인 공사로 적절한 이익이 남도록 노력하는 과정이라고 볼 수 있다. 회사를 경영하기 위해서는 현장별로 적정한 이익이 창출되어야 하며 그러기 위해서는 공사비 예측을 위한 적산과 견적을 완벽하게 하여야 하며 공사완료시까지 끊임없이 원가를 관리해야 한다.

■ 적산과 견적

- 적산은 건축도면, 시방서 등을 토대로 건축물 공사에 필요한 재료, 노무(사람), 장비 등 공사수량을 산출하는 행위이며 공사비를 예측하기 위해서는 적산과정이 필요하다. 일반적으로 견적은 적산에 의해 산출된 수량에 단위당 가격(단가)를 곱해서 공사비를 산출하는 행위로 공사원가의 기초가 된다.

(3) 공정관리

공정관리 목적은 계약날짜를 고려하여 적절한 공기를 유지하면서 품질을 확보하고 경제적으로 공사하기 위한 공사관리 행위이다.

공사의 시공순서를 정하고 공사에 필요한 자재, 인력 및 장비 등을 결정하고 공사에 필요한 기간을 정하여 공정표를 작성한다. 공정관리는 공정표를 작성하면 완료되는 것이 아니라 지속적으로 계획(Plan), 실시(Do), 검토(Check) 및 조치(Action)의 관리 사이클을 활용하여 최적의 공정을 유지하여야 한다. 공정표는 공사완료시까지의 공사계획을 수립한 전체공정표 이외에 현장에서 공정관리를 위해 월간단위 또는 주간단위의 공정표를 작성하여 사용하고 있다.

(4) 품질관리

품질관리는 발주자인 건축주가 요구하는 품질을 확보하도록 노력하는 과정이며 도면, 시방서 등을 만족하는 품질을 위해 시공 전에 품질관리계획서를 수립해야 한다. 현장에서 품질관리 조직체계를 구성하여 담당자를 임명하고 품질관리기준을 설정하여 그 기준을 달성하도록 해야 한다.

(5) 안전관리

현장에서의 안전사고 발생은 인명의 피해가 발생하며 공사가 지연되는 원인이 된다. 최근 회사별로 안전관리에 많은 신경을 쓰면서 안전시설은 물론 안전관련 교육과 행사를 지속적으로 시행하면서 안전사고 발생 건수가 줄어들고 있는 추세이다. 그러나 아직도 건설재해가 많이 발생하고 있어 인적 및 물적 피해가 크다.

4.2 가설공사

4.2.1 정의

가설공사(temporary work)는 본 공사를 하기 위해 임시로 설치하여 사용하고 공사가 완료되면 해체 또는 재사용하는 제반시설 및 수단으로 별도의 도면이 없으며 시공자의 경험과 현장여건을 고려하여 설치한다.

그러나 가설공사는 작업자의 안전과 공사의 능률향상을 위해 매우 중요한 공사이며, 일반적으로 설계도면에는 표기가 없으며 시방서를 참고하여 시공자가 직접 계획하고 설비를 해야 한다.

■ 공통가설공사
- 공사 진행 전반에 걸쳐 사용되는 공사(측량, 가설울타리, 현장사무실, 실험실, 협력업체사무실, 가설도로, 가설수도, 가설전기, 타워크레인 등)

■ 직접가설공사
- 특정의 공사 또는 특정 건물의 작업과 관련된 공사(규준틀, 먹매김, 비계, 양중장비, 가설흙막이, 동바리, 낙하물방지망, 보호막, 현장정리 등)

4.2.2 가설공사의 조건

- 임시로 하는 공사이므로 경제적일 것
- 안전하고 튼튼할 것
- 조립 및 해체가 용이할 것
- 가볍고 내구성이 있을 것
- 반복해서 사용하는 전용성이 좋을 것
- 규격화, 표준화, 유닛화, 프리패브(prefab)화 필요
- 자동화, 기계화 필요

4.2.3 주요 가설공사

(1) 측량

건물을 짓기 위해 해당 대지의 경계를 확정짓는 작업이 필요하며 이때에 대한지적공사에 의뢰하여 대지경계측량을 실시하며, 경계측량이 완료되면 설계도면에서 사용한 대지와 일치하는지 확인을 한다.

기준점(bench mark)은 건물의 높이의 기준이 되는 것으로 공사 시작 전에 1~2개소를 설치하여 공사종료 시까지 보존하며 훼손되지 않도록 보호해야 한다.

(2) 규준틀

설계도면 중 배치도 상의 건물을 대지 위에 옮기기 위해 건물의 외곽선 위치에 틀을 설치한다.

(3) 기준점(bench mark)

기준점은 건물의 높이, 위치기준 등의 기준으로 사용하며, 공사 중이나 공사완료 후에도 존치시키며 부동물에 2개소 이상 설치한다.

(4) 먹매김

설계도면대로 건물을 축조하기 위해 먹을 놓아 부재의 위치 및 치수를 표시한다.(구조먹매김, 마감먹매김)

(a) 기준점

(b) 먹매김

사진 4-1 | 기준점과 먹매김

(5) 가설울타리

공사현장의 구획, 공사장 출입통제, 안전관리, 도난방지, 소음 및 분진방지 등의 목적으로 현장둘레에 임시로 설치하는 펜스로 차량과 사람의 통행을 위해 차량과 인도의 동선을 분리하여 출입문을 설치하고 현장에 출입하는 사람의 안전을 위해 안전시설을 갖춘 보행통로 설치한다.

(6) 가설건물

가설건물은 현장이 개설되면 설치하는 현장사무실, 협력업체사무실, 경비실, 가설식당, 실험실 등이며 경량구조물이나 컨테이너박스 등을 사용한다. 가설현장사무실의 위치는 공사 중에 이동이 없고 공사의 진행상태를 확인할 수 있는 위치가 좋으며, 보통 2층으로 지어 1층은 실험실, 창고 등으로 사용하고 2층에 사무실, 현장소장실, 감리실 등으로 사용한다.

(a) 가설건물 (b) 가설울타리

사진 4-2 | 가설공사

4.3 토공사

4.3.1 일반사항

(1) 정의

토공사는 기초나 지하층을 구축할 목적으로 하는 터파기, 흙막이 등의 공사를 말한다. 토공사는 흙막이, 터파기, 잔토처리, 되메우기, 우수 및 지하수처리 등이 모두 포함되며, 굴착하는 깊이가 증가함에 따라 토압 및 수압이 커지므로 흙막이 벽의 붕괴와 안전사고 발생에 특히 유의해야 한다.

토공사는 우기철 등 기후의 영향을 많이 받고 지반 및 인접건물 등의 붕괴와 같은 대형 안전사고가 발생할 우려가 높으므로 토공사 기간에는 실시간으로 계측관리를 해야 한다.

(2) 지반조사

지반조사는 땅속의 지층의 구성, 성질, 순서 및 깊이, 지하수위 등을 조사하는 것으로 기초의 종류나 지내력, 토공사의 깊이 및 공사방법 등을 알기 위해 실시한다.

(3) 흙막이 공사

흙막이는 터파기 깊이가 깊거나 토압 및 수압이 셀 경우 토벽이나 인근 건물의 붕괴, 지반 침하 등을 방지하기 위해 설치하는 가설구조물이다. 흙막이 벽은 터파기하는 뒷면의 토압 및 수압에 견디도록 설계하고 시공되어야 하며 토공사가 완료되면 해체한 후 다른 현장에 재사용하게 된다.

4.3.2 터파기 공법

토공사를 실시하기 이전에 땅속의 지반구성 상태, 지하수위 조사 등을 위해 보링(boring) 등으로 지반조사를 실시하고 지질상태 및 현장 여건을 고려하여 적합한 터파기 공법을 선정한다.

(1) 오픈컷(open cut)

- **비탈면 오픈컷** : 흙의 안시각을 이용하여 흙막이 없이 경사면을 두고 터파기를 실시하는 공법으로 경미한 터파기, 넓은 지역을 얕게 터파기하는 경우 등에 사용
- **흙막이 오픈컷** : 흙막이 벽을 설치하여 토압과 수압을 견디도록 하고 터파기를 하는 공법으로 터파기 깊이가 깊은 경우에 사용하며 자립공법, 엄지말뚝 흙막이공법, 버팀대(strut)식 공법, 주열식 흙막이, 지하연속벽 공법, 시트파일(sheet pile) 등으로 구분

■ 지하 연속벽(slurry wall)

- 안정액을 사용하여 굴착벽면의 붕괴를 막으면서 땅속의 흙을 굴착한 후 지상에서 조립한 철근을 집어넣고 콘크리트를 타설하여 지하층 벽체를 완성하는 공법으로 지중연속벽이라고도 함

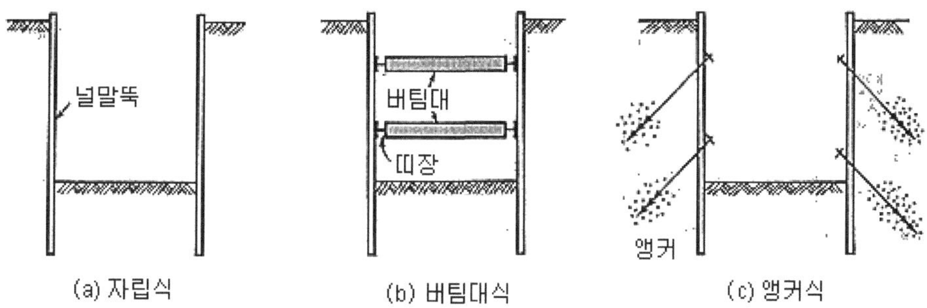

그림 4-1 | 흙막이 형식

(2) 어스앵커(earth anchor)공법

흙막이 벽을 설치하고 어스드릴기로 흙막이 벽을 뚫고 구멍에 앵커체를 넣고 그라우팅한 후 경화시키고 인장력으로 토압을 지지하는 공법으로 사전에 주변대지주인의 동의서를 받아야 한다.

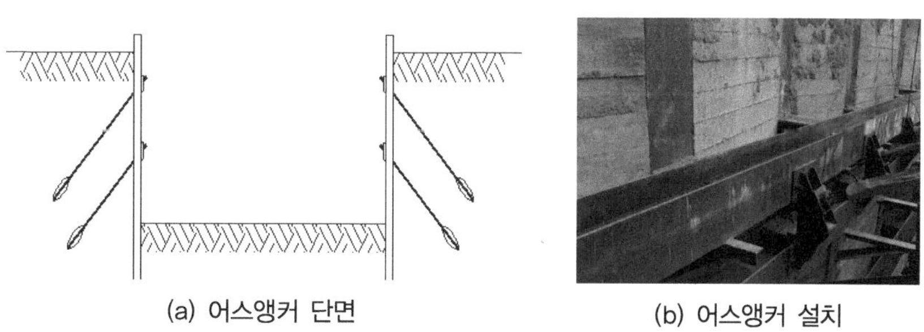

그림 4-2 | 어스앵커 공법

(3) 아일랜드 컷(island cut)

터파기 면이 넓어서 버팀대 공법 등이 적용이 불가능한 경우 중앙부분을 먼저 굴착하여 구조물을 축조하고 여기에 버팀대를 가설하여 주변의 터파기공사를 실시하는 방법이다.

(4) 트렌치 컷(trench cut)

아일랜드 컷 공법과 유사한 공법으로 주변에 흙막이벽을 이중으로 설치하여 주변의 흙을 파내고 여기에 구조물을 축조한 후 중앙부분의 터파기공사를 완료하는 공법이다.

(5) 탑다운(top down)공법

역타공법이라고도 하며 지상 1층을 기준으로 지하굴착과 동시에 지상층의 공사를 함께 병행하여 공기를 단축하여 건물을 완성하는 공법, 이 공법을 적용하려면 지하연속벽공법(slurry wall)으로 지하층의 외벽과 기둥 및 기초를 토공사에 앞서 완성하는 것이 필요하다.

■ 순타공법
- 일반적으로 토공사 완료 후 기초공사부터 순서대로 공사를 진행하는 방법을 말함

(a) 연속벽굴착

(b) 철근망설치

(c) 콘크리트 타설

사진 4-3 | 연속벽공사

4.3.3 안전사고 예방 및 계측관리

(1) 흙막이 붕괴원인 및 대책

땅을 파내려 가면 흙막이 배면의 흙이 흙막이 벽을 붕괴시키려는 토압으로 작용하고 또한 지하수가 나오는 경우 수압이 흙막이 벽에 압력으로 작용한다. 이러한 흙막이 벽의 붕괴를 방지하기 위해서 토압에 견딜 수 있게 튼튼한 흙막이 벽을 설계하여 시공하고 지하수위를 낮추기 위한 배수공법 등을 실시한다.

■ 히빙(heaving) 파괴

- 흙막이 벽체 내외 · 부의 흙의 중량 차이로 인해 흙파기 바닥면의 흙이 내부로 밀려들어 흙막이 벽체 붕괴(점성토 지반)

■ 보일링(boiling)파괴

- 흙막이 벽체 내외 · 부의 지하수위차로 발생하며 지하수위가 높은 배면의 물과 흙이 내부로 흘러들어와 흙막이 벽체 붕괴(사질토 지반)

■ 파이핑(piping) 파괴

- 흙막이 벽체 배면의 뒷채움이 부실하여 흙막이 벽 사이로 흙이 배출되어 흙막이 벽체 붕괴(부실시공)

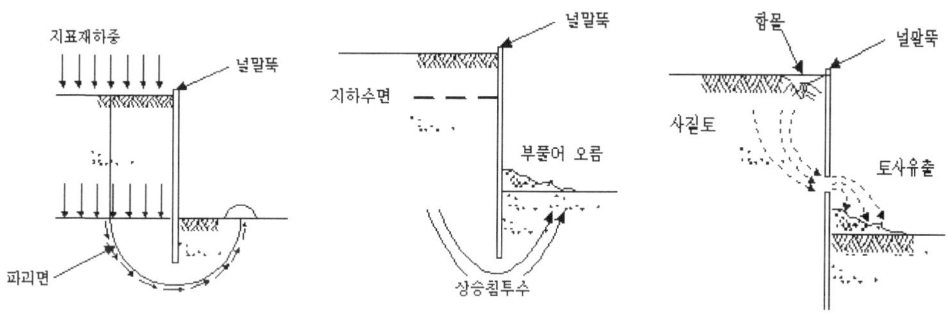

그림 4-3 | 흙막이 붕괴원인

(2) 계측관리

토공사는 지반조사를 한 경우라도 전체 지반상태를 알 수 없고 공사 중에 토압이나 수압의 작용 등으로 흙막이 부재의 변형으로 붕괴될 수도 있다. 여러 가지 계측기기를 활용한 데이터를 수집하여 사전에 흙막이 구조물의 상태를 점검하고 지하수위, 구조물의 거동 등을 실시간으로 측정하여 안전하게 토공사를 할 수 있게 하는 것이 계측관리이다.

계측항목은 지표 및 지중지반의 침하측정(침하계), 구조물의 균열측정(크랙게이지), 지중의 수위변화 측정(수위계), 흙막이 벽의 변형상태 측정(응력게이지), 인근 건물의 기울기 측정(경사계) 등이 있다.

■ 정보화 시공(real time construction)

- 흙막이벽, 주변지반, 인근건물, 지하수위 등에 대한 변화를 각종 기기와 컴퓨터를 사용하여 안전하게 공사하기 위해 실시간으로 계측하고 관리하는 방법

(a) 경사계

(b)수위계

사진 4-4 | 경사계 및 수위계

4.4 기초공사

4.4.1 개요

기초공사는 건물 하부에 대한 공사를 말하며, 기초는 기초슬래브와 지정을 총칭하고 지정은 기초슬래브를 지지하기 위한 자갈, 잡석, 말뚝 등을 말한다. 기초는 상부에서 내려오는 하중을 지반 또는 지정으로 전달하는 역할을 하며 기초판과 지정이 포함된다. 기초의 형태는 하중을 부담하는 정도와 지반의 성질에 따라 독립기초, 연속기초(줄기초), 복합기초 및 온통기초로 구분할 수 있다. 지정은 기초나 지반의 내력을 보강하기 위해 기초판 하부에 설치하는 잡석다짐, 말뚝시공 등을 말하며, 말뚝은 기성콘크리트말뚝, 제자리콘크리트말뚝, 강재말뚝 등이 사용된다.

4.4.2 기초의 분류

기초판에 따른 분류

- 독립기초 : 하나의 기둥마다 기초설치
- 연속기초(줄기초) : 연속된 벽체나 일련의 기둥을 지지
- 복합기초 : 2개 이상의 기둥을 하나의 기초판으로 지지
- 온통기초(매트기초) : 기초 슬래브로 하중을 지지

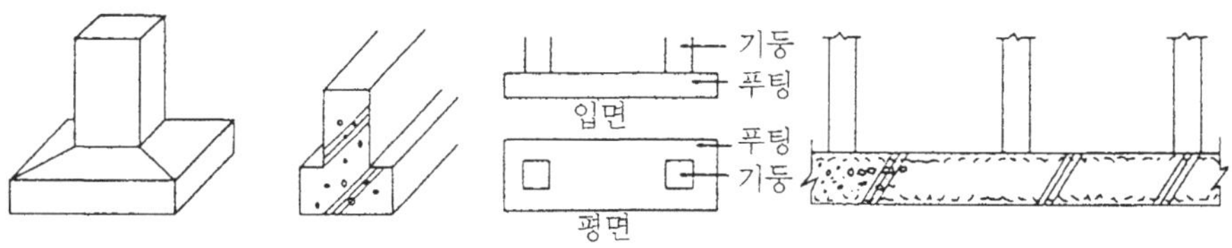

〈독립기초〉 〈줄기초〉 〈복합기초〉 〈온통기초〉

그림 4-4 | 기초판의 형식

지정형식에 의한 분류

- 보통지정 : 모래지정, 자갈지정, 잡석지정, 콘크리트 지정
- 말뚝지정 : 기능상으로 지지말뚝, 마찰말뚝, 다짐말뚝, 재료상으로 나무말뚝, 기성콘크리트말뚝, 현장타설 콘크리트, 강재말뚝, 합성말뚝

4.5 철근콘크리트공사

4.5.1 개 요

철근콘크리트공사는 철근과 콘크리트를 사용하는 것으로 각 재료의 성질과 장점을 활용하여 탄생한 구조이다. 철근은 인장력에 강하며 콘크리트는 압축력에 강하고 불과 부식에 약한 철근은 콘크리트로 감싸주어 약점이 보완된다.

4.5.2 거푸집공사

(1) 개요

거푸집(form)은 콘크리트를 부어넣은 후 굳어서 원하는 일정한 형상과 치수의 형태와 강도를 낼 때까지 콘크리트를 담아두는 틀(mould)을 말한다. 거푸집은 건물을 정밀하게 시공하기 위해 정확하게 치수에 맞춰 제작되어야 하고 하중에 견딜 수 있는 내력과 강성을 확보해야 한다.

(2) 거푸집의 목적 및 구비조건

거푸집의 설치 목적

- 콘크리트의 수화작용 및 경화에 도움
- 콘크리트 내의 수분 누출방지
- 구조부재의 치수대로 정확한 형상 및 피복두께 유지
- 콘크리트의 경화에 유해한 외기의 온도로부터 보호

거푸집의 구비조건

- 콘크리트 타설 및 경화시까지 충분한 강도 확보
- 정확한 치수유지 및 수밀성 확보
- 가설재이므로 경제성 확보
- 가공, 조립 및 해체의 용이성 확보

(3) 거푸집 구성재료

거푸집 널

콘크리트가 직접 닿는 부분으로 얇은 판재가 사용되며 목재, 합판, 합성수지, 알루미늄, 강재 등 사용

띠장 및 장선

거푸집널을 지지하여 그 하중을 멍에 및 띠장받이로 전달하는 역할을 하며 보통 각재를 사용

띠장받이 및 멍에

장선 및 띠장을 받치고 하중을 버팀대, 긴결재 및 받침기둥에 전달

받침기둥(동바리, 지주, support)

받침기둥은 수평부재인 보, 슬래브 등의 하중을 최종적으로 받아 지지층(슬래브 등)에 전달하는 기둥형태의 부재로 철제를 주로 사용

긴결재, 간격재 및 격리재

- 긴결재 : 거푸집 널을 서로 연결고정하여 벌어지거나 줄어들지 않도록 하는 것으로 철선, 볼트 등 사용
- 간격재 : 거푸집과 철근의 간격을 일정하게 유지시켜 철근의 피복두께를 확보하는 것
- 격리재 : 거푸집 널의 상호간격을 유지하기 위해 거푸집 널 사이를 고정시키는 것

박리제

거푸집 해체 용이성, 전용성 증가, 콘크리트면 보호 등을 위해 거푸집의 표면에 바르는 기름류이며 동식물유, 중유 등 사용

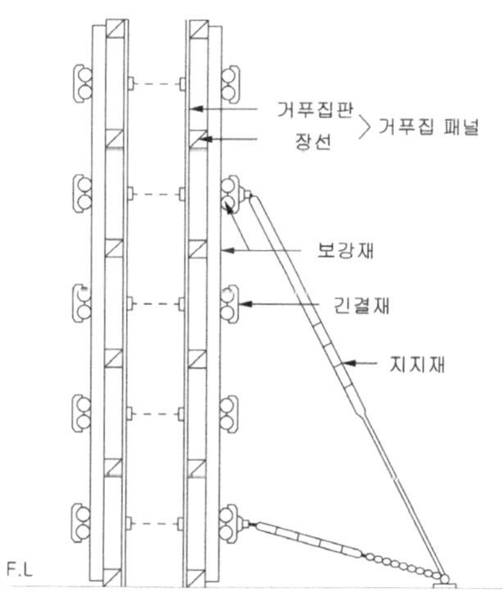

(a) 벽체 거푸집

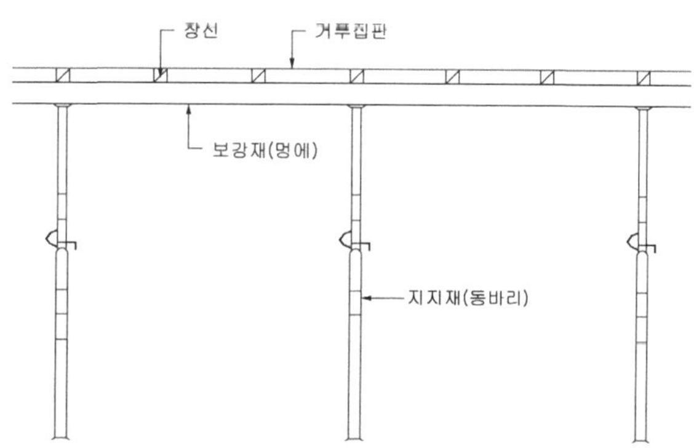

(b) 슬래브 거푸집

그림 4-5 | 거푸집 구성부재

(4) 거푸집의 종류

사용재료에 따른 분류

– 목재 거푸집, 합판거푸집, 강재거푸집, 콘크리트거푸집, 합성수지거푸집, 알루미늄거푸집, 종이거푸집 등

목재패널 알루미늄 문양거푸집 합성수지

사진 4-5 | 거푸집 재료

시스템거푸집

거푸집을 미리 일체로 제작하여 반복 재사용이 가능하고 조립해체가 용이하도록 한 거푸집이며 대형화하여 기계 및 장비를 활용하는 경우가 많다.

- 유로 폼(euro form) : 가장 초보적인 시스템 폼으로 코팅합판을 거푸집 널로 사용하고 강재 프레임으로 보강하여 전용횟수를 증가시켰고 조립해체가 용이하도록 함
- 갱 폼(gang form) : 거푸집을 대형으로 일체로 제작하여 아파트, 사무실 등의 외벽 등에 사용
- 터널 폼(tunnel form) : 터널형상의 구조물 콘크리트 타설시 사용하는 거푸집으로 모노 쉘(mono shell), 트윈 쉘(twin shell) 형태가 있음

(a) 유로폼 (b) 갱 폼 (c) 터널폼

사진 4-6 | 시스템거푸집

(5) 거푸집 설치 및 존치기간

거푸집설치 순서

거푸집은 공사순서에 따라 설치되며 일반적 순서는 기초 → 기둥 → 벽 → 보 → 슬래브 → 계단으로 이루어진다.

거푸집 존치기간의 정의

거푸집의 존치기간은 콘크리트를 타설하여 콘크리트가 수화반응 및 경화과정을 거쳐 거푸집을 해체해도 자중 및 일부 작용하는 하중의 부담에 영향을 미치지 않을 때까지 거푸집을 설치한 채로 놔두는 기간

부재별 거푸집 존치기간

- 기초, 보옆, 기둥 및 벽의 거푸집널 존치기간 : 콘크리트 압축강도 5MPa(N/㎟) 이상에 도달 시까지, 다만 거푸집널 존치기간 중의 평균기온이 10℃ 이상인 경우 다음 표 일수 이상 경과시 압축강도 시험 없이 거푸집널 해체 가능(건축표준시방서, 콘크리트 표준시방서)

표 4-1 | 기초, 보옆, 기둥 및 벽의 거푸집널 존치기간을 정하기 위한 콘크리트의 재령(일)

시멘트의 종류 / 평균기온	조강 포틀랜드 시멘트	보통 포틀랜드 시멘트 고로슬래그 시멘트 포틀랜드 포졸란 시멘트 A종 플라이 애시 시멘트 A종	고로슬래그시멘트 1급 포틀랜드 포졸란 시멘트 B종 플라이 애시 시멘트 B종
20℃ 이상	2	4	5
20℃ 미만 10℃ 이상	3	6	8

- 바닥슬래브 밑, 지붕슬래브 밑 및 보 밑의 거푸집널 존치기간
  - 원칙적으로 동바리(받침기둥)를 해체한 후 떼어냄

표 4-2 | 콘크리트 압축강도를 시험할 경우(콘크리트표준시방서)

부 재	콘크리트 압축강도(f_{ck})
확대기초, 보, 기둥 등의 측면	5 MPa(N/㎟) 이상
슬래브 및 보의 밑면, 아치 내면	설계기준 압축강도의 2/3배 이상 또한, 최소 14 MPa 이상

4.5.3 철근공사

(1) 개 요

철근은 일반적으로 기초, 기둥, 벽체, 보, 슬래브의 순으로 배근되며 철근배근 시에는 철근의 수량, 종류, 직경, 배근간격, 정착 및 이음길이와 위치, 피복두께 확보 등이 중요하다.

사진 4-7 | 철근인식표

철근은 인장력을 받는 재료이므로 철근은 콘크리트와 일체가 되어 구조물을 튼튼하게 만들고 특히 인장력에 강한 재료로 많은 하중을 부담하게 된다. 철근은 공장에서 생산하여 현장으로 운반하고 자재 적치장에 강도별, 지름별, 길이별로 구분하여 적치한 후 부재에 맞게 가공하여 조립하게 된다. 현장에 철근의 반입 시에는 납품증명서를 받아 철근의 지름 및 종류를 확인하는 검수작업을 해야 한다.

(2) 철근의 종류

원형철근(round bar)

단면이 원형으로 특수한 목적으로 사용하고 지름은 ∅(파이)로 표현하며 ∅13은 지름 13mm인 원형철근을 의미

이형철근(deformed bar)

마디와 리브(rib)가 있는 철근으로 현재는 대부분 이형철근 사용

- 일반 이형철근(deformed bar) : SD24(파랑색), SD30(초록색)이 있고 여기서 SD는 이형철근을 24, 30은 철근의 항복강도(N/㎟)를 의미하고, 지름표시는 D로 표현하며 D10은 지름 10mm인 일반이형철근을 의미함
- 고강도 이형철근(high-tension bar) : SD35(빨강색), SD40(노란색), 지름표시는 HD로 표현하며 HD19는 지름 19mm인 고강도철근을 의미함

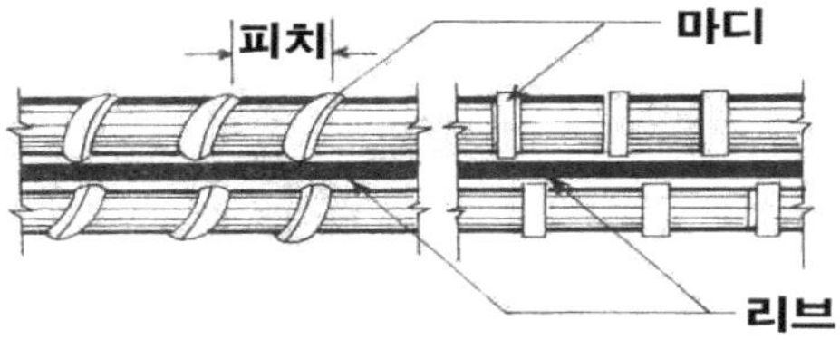

그림 4-6 | 이형철근의 형태

용접철망(welding wire fabric)

가는 지름의 철근을 공장에서 서로 직교시켜 배열하고 접점을 용접하여 만든 것으로 벽체나 슬래브 등의 철근배근에 사용

강선 및 철선

프리스트레스 철근에 강선을 사용하고 철근의 겹침이음 등에 철선 사용

(3) 철근의 가공 및 조립

철근의 가공

철근을 부재별로 조립하기 위해서 현장에 반입된 철근을 부재에 맞게 절단, 구부림 등의 가공작업이 필요하며, 구부리기는 상온에서 실시한다.

철근을 현장에서 실제로 절단하고 구부리기 등의 작업을 하기 위해서 철근의 모양, 각부 치수, 구부림 위치, 지름 및 길이, 개수 등을 기입한 상세도면을 사전에 작성하는데 이를 공작도(shop drawing)라 한다.

(a) 철근 절단기

(b) 철근 가공장

(c) 철근 적치

사진 4-8 | 철근가공

철근배근 및 조립

철근의 배근은 거푸집의 조립순서에 따라서 하는데 일반적으로 기초 → 기둥 → 벽 → 보 → 슬래브 → 계단의 순서로 작업이 진행된다.

> **■ 철근 선조립 공법**
> – 부재의 철근을 공장에서 조립하여 현장에서는 장비를 이용하여 설치만 하도록 한 것으로 공기단축, 품질향상 기대

철근작업 순서

- **작업순서** : 공작도 작성 → 재료반입 및 저장 → 재료검사 및 시험 → 가공 → 조립 → 검사
- **공작도 작성(shop drawing)** : 철근절단, 구부리기 등의 현장작업을 위한 각 부재의 치수, 구부림 위치, 지름, 길이 등 기재
- **재료반입 및 저장** : 주문대로 철근이 반입되는지 검수하고 철근은 지면과 직접 닿지 않도록 각목 등을 이용하여 사용에 편리하도록 철근을 종류, 직경, 길이 등을 구분하여 저장하고 빗물 등에 노출되지 않도록 함
- **재료검사 및 시험** : 외관검사와 필요시에 인장강도 시험 등 실시
- **가공 및 조립배근** : 구조부재에 맞춰 절단, 구부리기 등을 통한 가공작업 후 해당 장소로 운반하여 시공순서에 따라 조립
- **배근검사** : 철근배근 완료 후 도면과 시방서대로 배근되었는지 확인

(a) 철근배근

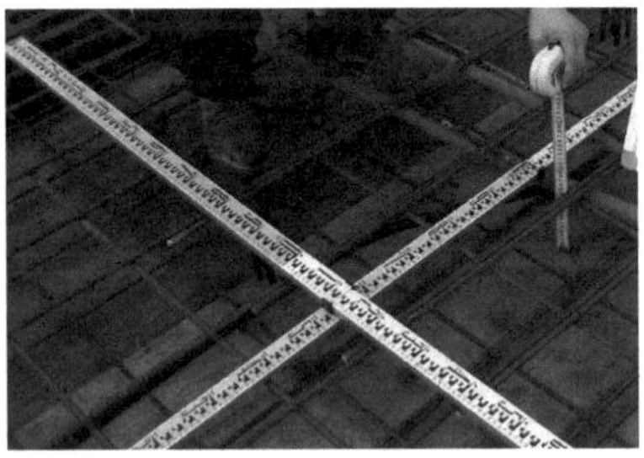
(b) 철근배근검사

사진 4-9 | 철근배근 및 검사

(4) 철근의 이음 및 정착

철근의 이음

하나의 철근을 다른 철근과 이어서 사용하는 것을 철근의 이음이라고 한다.

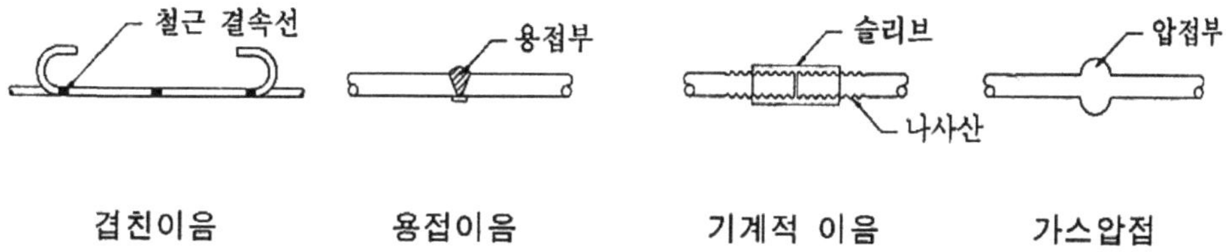

그림 4-7 | 철근 이음방법

- 철근이음 일반사항
  - 큰 응력을 받는 곳은 피하고 엇갈려서 잇는 것이 원칙
  - 보통 콘크리트를 사용한 경우 철근의 이음길이는 압축력이나 적은 인장력을 받는 경우 25d, 인장력을 받는 경우 40d
  - 지름 d가 서로 다른 철근의 겹침이음 길이는 작은 지름의 철근 기준

철근의 정착

철근을 연장하여 다른 부재 속으로 매입하고 부착력을 증가시키는 것이 정착이다.

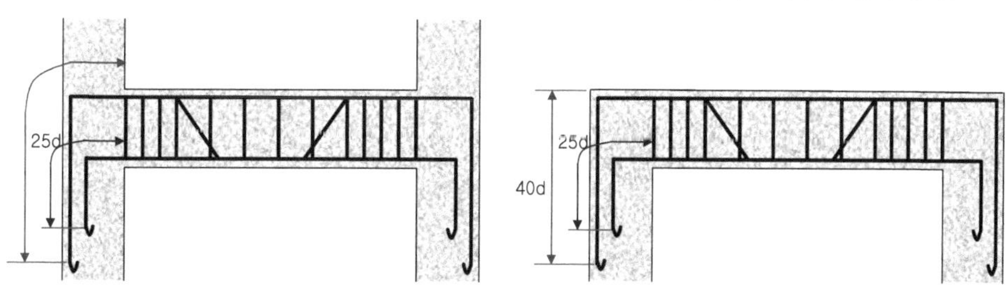

(a) 중간층 (b) 최상층

그림 4-8 | 보 철근의 정착

- 철근정착 일반사항
  - 철근의 정착은 부재의 중심선 외측에 정착
  - 보통 콘크리트를 사용한 경우 철근의 정착길이는 압축력이나 적은 인장력을 받는

경우 25d, 인장력을 받는 경우 40d

- 정착위치
  - 기둥의 주근은 기초에
  - 보의 주근은 기둥에
  - 작은보의 주근은 큰보에
  - 바닥철근은 보 또는 벽체에
  - 벽철근은 기둥, 보 또는 바닥판에

(5) 철근 피복두께

피복두께

- 정의 : 콘크리트의 표면에 최외측에 가까운 철근표면까지의 거리(mm)

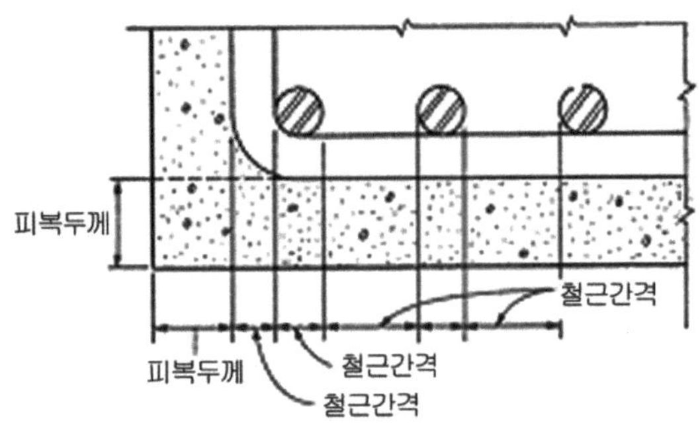

그림 4-9 | 철근 피복두께

- 철근피복의 목적
  - 내화성 : 화재시 철근의 온도상승 예방
  - 내구성 확보 : 철근의 부식방지
  - 시공상 유동성 확보 : 굵은골재(자갈)의 유동성

부재별 최소 피복두께

부재별 철근의 피복두께 표준은 다음과 같다.

표 4-3 | 피복두께 기준[건축공사표준시방서]

부 위			최소피복 두께	
			마감 있음 1)	마감 없음
흙에 접하지 않는 부위	바닥슬래브, 지붕슬래브, 비내력벽	옥내	20 이상	20 이상
		옥외	20 이상	30 이상
	기둥, 보, 내력벽	옥내	30 이상	30 이상
		옥외	30 이상	40 이상
	옹벽		40 이상	40 이상
흙에 접하는 부위	기둥, 보, 바닥슬래브, 내력벽			40 이상
	기초, 옹벽			60 이상

※ (1) 내구성상 유효한 마감이 있는 경우 (2) 경량콘크리트의 경우 위의 값에 10mm 더한 값

고임재(bar support) 및 간격재(spacer)

- 철근의 최소 피복두께 확보가 목적임
- 소정의 철근피복을 갖게 하거나 그 간격을 정확하게 유지시키기 위하여 쓰는 것으로 콘크리트제, 모르타르제, 금속제, 플라스틱제 등 사용

(6) 철근의 배근검사 사항

현장에서 철근을 조립하거나 완료된 후에 철근검사를 실시한다.

- 철근의 가공작업의 정확성
- 철근의 종류, 지름 등 확인
- 정착 및 이음길이 및 위치 확인
- 철근의 피복두께 확인
- 철근의 배근간격 및 개수 확인

4.5.4 콘크리트공사

(1) 개 요

콘크리트는 기본재료로 시멘트, 모래, 자갈, 물, 혼화제 등을 사용하여 만든 복합재료(composite material)이며 공장에서 반제품으로 제조되어 현장에서 완제품으로 만들어진다.

시공현장에서는 공장에서 만들어진 레디믹스트콘크리트(ready mixed concrete), 일명 레미콘(remicon)이 레미콘 차량으로 운반되고 타설장비를 이용하여 타설된다.

콘크리트 타설순서는 시공계획 – 현장준비 작업 – 레미콘 운반 – 각종 시험 – 타설 – 다짐 – 양생의 순으로 진행된다.

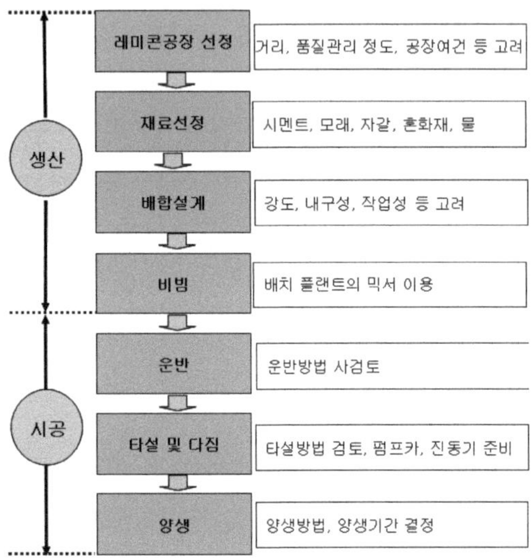

그림 4-10 | 콘크리트공사 작업흐름도

콘크리트의 배합

- 콘크리트의 배합은 콘크리트를 구성하는 물, 시멘트, 골재(모래, 자갈), 혼화재료 등의 비율을 결정하여 표시하는 것
- 배합은 소요강도, 내구성, 균일성, 수밀성, 작업성 등을 만족하는 범위 내에서 경제적으로 콘크리트를 만드는 것

콘크리트 배합의 표시법

종 류	내 용	비 고
계획배합	시방서, 책임기술자의 지시에 의해 실시되는 배합	시방배합
현장배합	골재의 표면수, 흡수량 등 현장상태에 적합하게 보정된 배합	
중량배합	콘크리트 1㎥를 제조하는데 필요한 재료량을 중량(kg)으로 표시한 배합	
용적배합	콘크리트 1㎥를 제조하는데 필요한 재료량을 용적(㎥)으로 표시한 배합	

(2) 콘크리트 타설 작업

재료계량 및 비비기

- 재료의 계량
  - 재료의 계량은 콘크리트 배합에 필요한 물, 시멘트, 골재, 혼화재료 등을 정확하게 자동으로 중량계량하는 배치플랜트(batch plant)가 사용됨
- 비비기
  - 콘크리트 비비기는 손비빔과 기계비빔이 있으나 주로 기계비빔이 사용되며 공장에서 레미콘 제조시 배치플랜트에 비비기 설비를 추가한 믹싱플랜트(mixing plant)에 재료가 투입되어 비비기 작업이 이루어짐

운반

- 콘크리트 운반 : 공장에서 현장까지의 운반과 공사현장 내 운반으로 구분됨
  - 콘크리트 운반은 운반 도중에 품질 변화가 일어나지 않도록 짧은 시간에 이루어져야 함

(a) 레미콘 트럭(애지테이터 트럭)

(b) 트럭견인형 펌프

(c) 펌프카(트럭형)

사진 4-10 | 콘크리트 운반 및 타설장비

타설

- 타설준비
  - 콘크리트는 타설 전에 운반, 타설공법 및 설비, 타설구간, 타설순서, 타설량, 타설 이음부 처리방법, 동원인원 등이 계획대로 되어 있는지 검토함
  - 최종적으로 거푸집 설치상태 및 철근배근상태 등이 설계대로 배치되어 있는지 검토하고 거푸집 청소상태를 점검함

■ 콘크리트 비빔에서 타설까지의 시간한도(콘크리트표준시방서)

- 외기온 25℃ 이상인 경우 1.5시간(90분) 이내, 25℃ 미만인 경우 2시간(120분) 이내

이어붓기 및 이음

- 이어붓기
  - 타설이음부의 콘크리트 타설, 다짐에서 다짐불량이나 블리딩수의 집중으로 취약부가 생기지 않도록 해야 함
  - 콘크리트를 이어칠 경우 타설된 콘크리트 표면의 레이턴스 등을 완전히 제거하고 충분히 흡수시켜야 함

표 4-4 | 이어붓기 시간간격 표준[콘크리트표준시방서]

외기온	허용 이어치기 시간간격
25℃ 초과	2.0 시간
25℃ 이하	2.5 시간

- 이음
  - 타설 이음부의 위치, 형상 및 처리방법은 구조내력 및 내구성을 손상시키지 않아야 함
  - 타설 이음부는 레이턴스 제거, 물 뿌리기 등으로 새로 타설하는 콘크리트와 일체가 되도록 함

다짐

- 일반사항
  - 콘크리트 다짐은 강도, 내구성 등에 큰 영향을 미침
  - 콘크리트 타설 직후 충분히 다져 철근 및 매설물, 거푸집 구석까지 콘크리트가 잘 채워져야 함

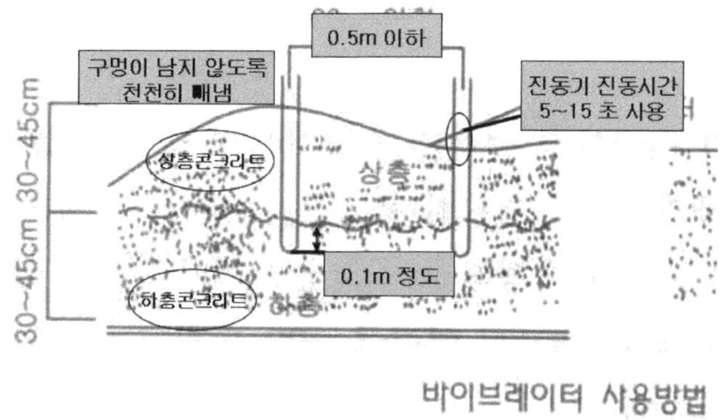

그림 4-11 | 내부 진동기 사용방법

- 진동기
  - 봉형 진동기(내부 진동기) : 슬래브, 보 등의 수평부재의 콘크리트를 직접 다지는 진동기
  - 거푸집 진동기(외부 진동기) : 높은 벽, 기둥 등 수직부재나 봉형 진동기가 직접 닿지 않는 경우에 외부 거푸집에 매달아 사용

(a) 봉형 진동기 (b) 거푸집 진동기

사진 4-11 | 진동기 종류

표면마무리

- 일반사항
  - 다짐 후에 콘크리트 표면은 요구되는 정밀도와 물매에 따라 평활한 표면마감 작업을 함
  - 블리딩, 들뜬 골재, 콘크리트의 부분침하 등의 결함은 콘크리트가 굳기 전에 수정해야 함

- 기둥, 벽 등 그 위에 콘크리트가 타설될 수평이음부는 소정의 물매와 거친 면으로 마감처리해야 함

- 표면 마무리용 도구 및 장비

(a) 나무흙손 마감 (b) 널판마감 (c) 장비사용(피니셔 마감)

사진 4-12 | 콘크리트표면 마무리

보양 및 양생

- 일반사항
  - 보양 및 양생(curing) : 시멘트 수화반응을 촉진시켜 콘크리트의 강도가 잘 발현되도록 콘크리트 타설 후 이에 적합한 환경을 조성하는 것
  - 콘크리트는 타설 후 소요기간까지 경화에 필요한 온도, 습도조건을 유지하며, 유해한 작용의 영향을 받지 않도록 충분히 양생해야 함

(3) 굳지 않은 콘크리트 품질검사

콘크리트 반입검사(수입검사)

시공현장에서 레미콘을 타설하기 전에 여러 가지 품질검사를 실시해야 하며 1차 품질검사에 합격해야 콘크리트 타설이 가능하며 추후 압축강도 시험에서 합격해야 최종적으로 승인이 완료된다.

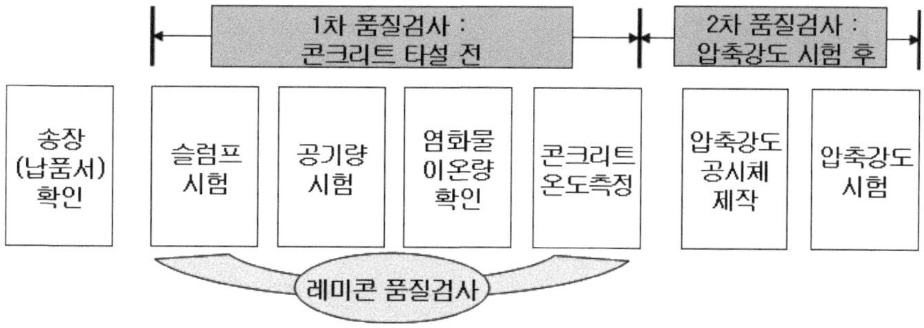

그림 4-12 | 현장도착한 레미콘의 확인사항

납품서(송장) 확인

현장에 레미콘 차량이 반입되면 레미콘 운전기사가 가져온 콘크리트 납품서를 확인하여 출발시각, 레미콘 규격 등을 확인하여 주문한 레미콘과의 일치 여부를 확인한다.

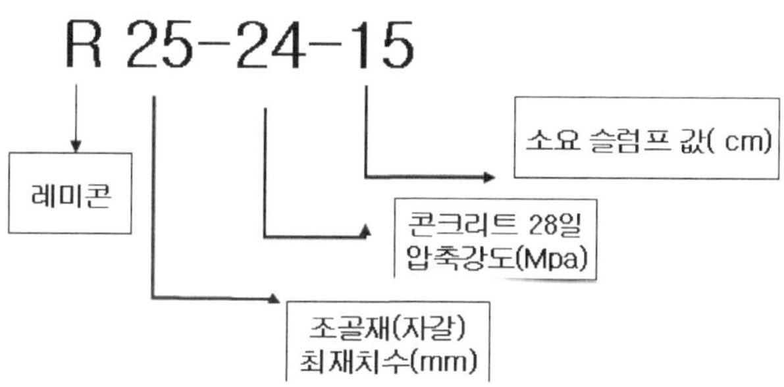

그림 4-13 | 레미콘의 표기법

슬럼프 시험(slump test)

콘크리트의 묽기를 측정하는 시험으로 밑지름 20cm, 윗지름 10cm, 높이 30cm인 슬럼프 콘을 사용하고 콘크리트를 체적으로 3등분하여 채워 넣고 다짐봉으로 각각 25회 다진 후 콘을 들어 올렸을 때 내려앉은 콘크리트의 높이를 슬럼프 값(치)이라 함, 콘크리트가 묽으면 강도가 떨어지므로 이를 측정하는 것이며 판정기준은 ±2.5cm이다.

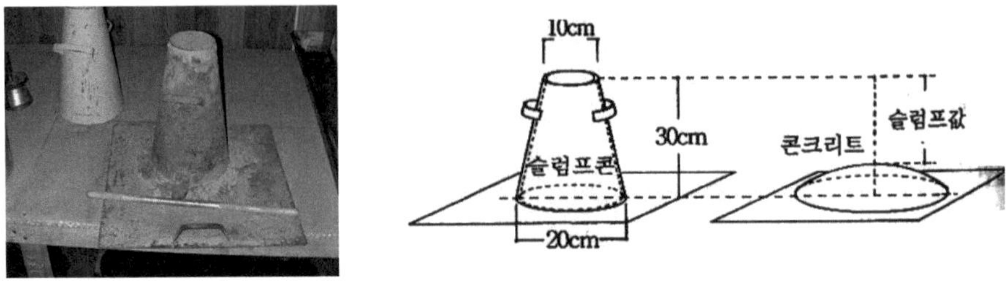

(a) 슬럼프 콘　　　　(b) 슬럼프값 측정법

그림 4-14 | 슬럼프 시험

공기량 측정

워싱턴 에어미터를 이용하여 콘크리트 속의 공기량을 측정하는 것으로 체적으로 3등분하여 넣고 다짐봉으로 각각 25회 다져 측정함, 콘크리트 속에 공기가 많으면 작업은 용이하나 강도가 저하되므로 필요 이상의 콘크리트 속의 공기를 제거해야 함, 판정기준은 ±1.5%이다.

사진 4-13 | 워싱턴에어미터

염분함유량 측정

염분테스트기를 이용하여 콘크리트 속에 포함된 염분함유량을 측정하는 것이며 염분은 철근을 녹슬게 함

- 철근콘크리트 구조물은 염분에 의해 철근이 부식되어 성능 및 내구성이 저하되는 현상이 발생하므로 염화물이온량의 규제가 필요함
- 레미콘 1㎥에 염화물이온량은 0.3kg 이하가 되어야 하며, 철근을 방청조치할 경우는 0.6kg 이하까지로 할 수 있음

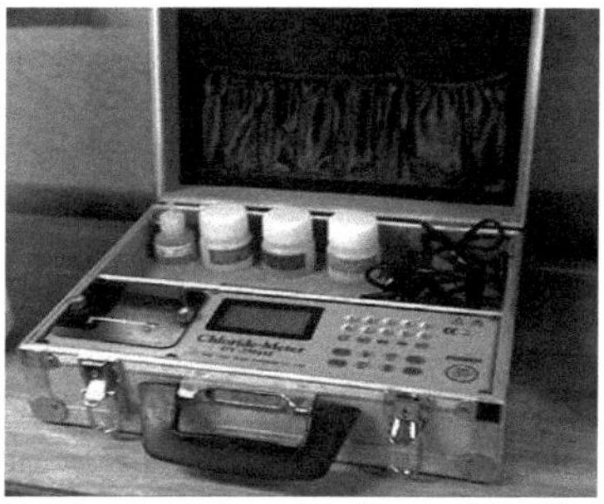

(a) 염화물측정기

(b) 염화물 측정

사진 4-14 | 염분함유량 측정

온도측정

여름에는 콘크리트의 온도가 너무 높고 겨울에는 온도가 낮기 때문에 적절한 온도를 유지해야 한다.

(4) 콘크리트 강도시험

압축강도 시험

콘크리트의 반입검사에서 이상이 없으면 콘크리트 타설이 시작되고 콘크리트 압축강도 시험을 위한 시험체(공시체)를 제작하는데 공시체 형상은 원주형(ϕ100×200 또는 150×300), 또는 정육면체(150×150×150)이다.

- 공시체 양생 : 20±3℃ 수중양생
- 강도시험 : 1회 시험에 공시체는 3개 이상이어야 하며, 습윤양생한 공시체는 강도측정이 필요한 날(7일, 28일 등) 시험
- 판정기준 : 1회의 시험결과는 지정한 호칭강도의 85% 이상, 3회의 시험결과 평균치는 호칭강도 이상이어야 합격

(a) 공시체 몰드

(b) 표준양생

(c) 압축강도 시험

그림 4-15 | 콘크리트 압축강도시험

4.6 철골공사

4.6.1 개 요

철골구조는 형강류와 강판을 볼트체결 및 용접 등으로 부재를 접합하여 구조물의 뼈대를 만드는 것이며, 현장에서 조립이 용이하도록 철골부재를 절단, 가공 및 조립, 녹막이칠 등을 실시하는 공장작업과 공장에서 운반해온 부재를 세우고 연결하는 현장작업으로 구분한다.

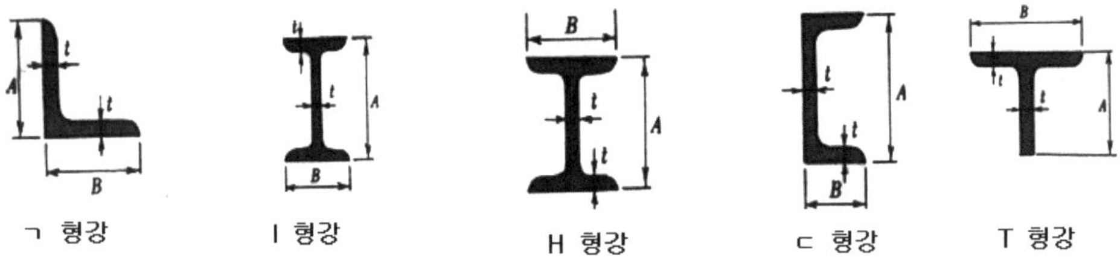

그림 4-16 | 형강의 종류

철골구조의 장점

- 균질도가 높아 신뢰할 수 있다.
- 강도가 커서 건물 중량을 가볍게 할 수 있다.
- 인성이 커서 변위에 대해 잘 견뎌낸다.
- 정밀도가 높은 구조물을 얻을 수 있다.
- 장스팬의 구조물이나 고층 구조물에 적합하다.

철골구조의 단점

- 열에 약하며, 고온에서 강도가 저하되거나 변형하기 쉽다.
- 일반적으로 강재는 녹슬기 쉽다.
- 압축력에 대해 부재가 좌굴하기 쉽다.
- 접합점을 용접하는 외에는 일체화로 보기 어렵다.

4.6.2 공장작업

철골은 제철회사에서 생산한 원부재를 철골가공공장으로 운반하여 도면과 일치하도록 부재를 만들게 되는데, 절단, 가공, 접합 및 조립, 검사, 녹막이칠 등을 실시한다. 부재를 완성하여 제품에 대한 검사가 완료되면 현장으로 운반하게 된다.

① **원척도(현척도)작성** : 설계도 및 시방서에 따라 공장 원척도 바닥 위에 각부 상세 및 재의 길이 등을 강제줄자(steel tape)로 원척(full size)도 그림
② **형뜨기(본뜨기)** : 원척도를 얇은 강판에 본을 떠서 본판을 정밀하게 작성
③ **변형바로잡기** : 금매김하기 전에 강재의 변형(비틀림 등)을 바로잡음
④ **금매김(Marking)** : 구멍위치, 절단개소 등을 강재 위에 기입
⑤ **절단** : 톱, 기계, 가스 등으로 강재절단
⑥ **구멍뚫기** : 펀칭, 드릴, 송곳 등 이용, 리머(reamer)로 구멍 주위 가심
⑦ **가조립** : 각 부재는 1~2개의 볼트 등으로 가조립하고, 가볼트 수는 전체의 1/3 이상
⑧ **접합(본조립)** : 조립된 부재 접합점을 용접, 고력볼트 등으로 접합(임팩트렌치, 토크렌치 사용)
⑨ **검 사** : 현장으로 운반하기 전에 외관 상태 및 접합부 검사
⑩ **녹막이 칠(방청도장)** : 가공조립 완료된 철골부재를 녹막이칠 1회 실시
(단, 현장용접 부위, 고력볼트 마찰면, 콘크리트에 묻히는 부분, 밀폐된 내면, 조립에 의해 맞닿는 면 등은 제외함)
⑪ **운반** : 공장검사가 완료되고 방청도장이 건조하면 현장으로 운송

4.6.3 현장작업

현장에서는 양중장비를 이용하여 철골부재를 세우게 되는데, 먼저 기초콘크리트 또는 기둥에 철골기둥을 고정시키기 위한 앵커볼트를 매입하고 각부를 마무리해야 한다. 그리고 철골기둥 1절을 세우고 기둥 간에 보를 연결하게 하고 바닥을 설치하게 된다. 철골구조에서 바닥에는 주로 데크플레이트라는 강판을 사용하여 거푸집 및 구조재의 역할을 하도록 한다.

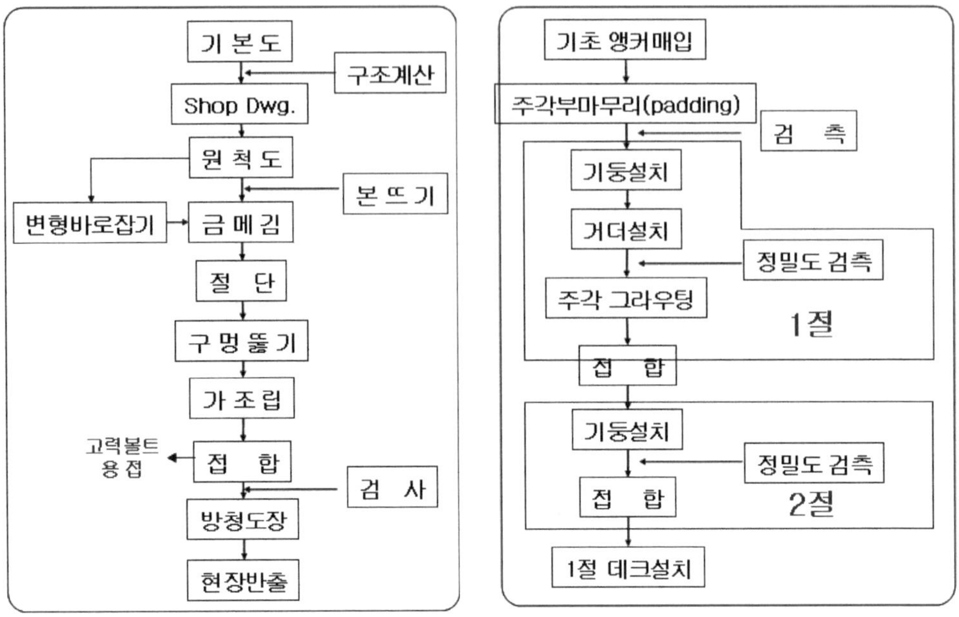

(a) 철골공장작업 순서 (b) 철골현장작업 순서

그림 4-17 | 철골작업 순서

4.6.4 철골접합 및 검사

건물의 구조부재인 기둥과 보에 많이 사용되는 형강은 H형강이며, 고력볼트와 용접을 사용하여 부재간 결합을 실시한다. 고력볼트는 부재 사이의 마찰력을 힘을 전달하는 방법이며 용접은 보통 열과 압력으로 원부재인 모재를 녹여 용접봉으로 접합하는 방법이다.

(1) 보통 볼트 접합

① 리벳치기를 위한 가조립

② 리벳팅이 불가능할 때 리벳 대용으로 부분적으로 사용

③ 볼트는 볼트와 구멍간의 이완이 크기 때문에 접합부의 강성을 요구하는 건물에는 사용하지 않는다.

(2) 고장력 볼트 접합

① 너트를 강하게 조여 접합부재간의 마찰력을 크게 하여 힘을 전달하는 마찰 접합

② 인장강도 9t/㎠ 이상의 고장력 볼트 사용

③ 고장력 볼트의 접합 내력은 그 조여진 정도에 의하여 결정된다.

(a) 고장력볼트

(b) 임팩트렌치

사진 4-15 | 고장력볼트와 체결기구

(3) 용접

맞댐 용접(butt joint welding)

- 모재의 마구리와 마구리를 맞대어서 행하는 용접

모살 용접(fillet welding)

- 부재의 끝을 가공하지 않고 부재와 부재의 교선을 따라 등변 또는 부등변의 3각형 모양으로 용접

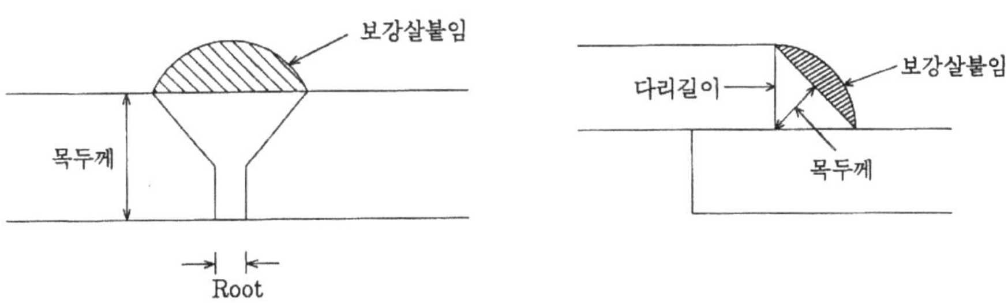

맞댄용접 모살용접

그림 4-18 | 용접의 종류

4.6.5 내화피복 공사

철골은 열에 취약하므로 화재시 철골부재의 온도상승으로 강도나 강성이 저하되어 붕괴되는 것을 방지하기 위해 철골의 표면을 불에 잘 견디는 재료로 감싸주는 내화피복 공사가 필요하다. 우리나라는 건축물의 층별, 부위별 내화성능을 30분, 1시간, 3시간 내화의 시간별로 규정하고 있다.

(1) 습식공법

- 타설공법 : 콘크리트, 경량콘크리트
- 조적공법 : 콘크리트 블록, 경량콘크리트 블록, 벽돌, 돌
- 미장공법 : 철망모르타르, 철망펄라이트모르타르
- 뿜칠공법 : 뿜칠암면, 뿜칠모르타르, 뿜칠플라스터

(2) 건식공법

- 성형판붙임공법 : 규산칼슘판, ALC판, PC콘크리트판, 석고보드
- 멤브레인공법 : 암면흡음판

(3) 합성공법 – 이종재료적층공법

4.7 마감공사

마감공사는 내부마감과 외부마감공사로 구분할 수 있으며 내부마감은 최종적으로 눈에 보이는 부분이므로 아름답게 꾸며야 하며 실과 공간의 기능과 요구에 알맞은 자재와 공법을 선정해야 한다.

외부마감은 외기에 노출되는 부분이므로 치장효과 이외에 물, 눈, 온도, 바람 등 자연의 영향을 고려하여 안전성, 내구성, 내화성 등이 추가로 고려되어야 한다.

4.7.1 조적공사

(1) 개 요

조적은 작은 부재를 접합재로 하나씩 쌓아 올리는 공사로서 벽돌, 시멘트블록, ALC, 돌공사 등이 조적공사에 해당된다.

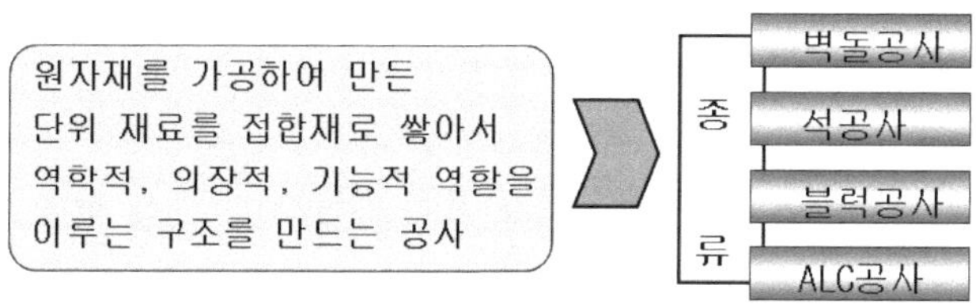

그림 4-19 | 조적공사

(2) 벽돌공사

벽돌은 주로 점토를 이용한 붉은벽돌과 시멘트, 모래, 물을 혼합하여 만든 시멘트벽돌이 있으며, 붉은벽돌은 주로 외장재로 사용되고 시멘트벽돌은 내부 칸막이용으로 사용된다. 최근에는 거리의 바닥 보도용 벽돌이 많이 사용되고 있다.

벽돌의 규격

벽돌은 길이 190mm, 폭 90mm, 두께 57mm인 표준형 벽돌을 주로 사용하며, 벽돌은 온장을 사용하는 것이 원칙이지만 필요에 따라 절단하여 사용하는데 이것을 마름질이라 함

표 4-5 | 보통 벽돌의 치수

(단위 : mm)

구 분		길 이	너 비	두 께
기존형	치수	210	100	60
	허용치(%)	±3	±3	±4
표준형	치수	190	90	57

그림 4-20 | 붉은벽돌의 예

벽돌쌓기 순서

- **재료준비 단계** : ①벽돌 접착면 청소, ②벽돌 물축이기, ③재료 건비빔
- **쌓기단계** : ④세로규준틀설치, ⑤벽돌나누기, ⑥규준벽돌쌓기, ⑦수평실치기, ⑧중간부쌓기
- **줄눈단계** : ⑨줄눈누름, ⑩줄눈파기, ⑪치장줄눈, ⑫보양

벽돌쌓기용 모르타르 배합비

- 일반쌓기용 모르타르는 시멘트와 모래의 부피 배합비 1 : 3을 주로 사용하고 치장줄눈은 1 : 1 배합 사용

(3) 블록공사

블록은 벽체의 마감용으로 주로 사용되고 세로철근을 넣고 사춤을 하는 보강블록조가 사용되기도 한다.

블록의 종류

- 기본형, 이형(창대블록, 인방블록 등), 특수형으로 구분
- 기본형에는 BI형, BM형, BS형이 있으며 우리나라는 BI형 사용
- 비중 1.8을 기준으로 경량블록과 중량블록으로 분류

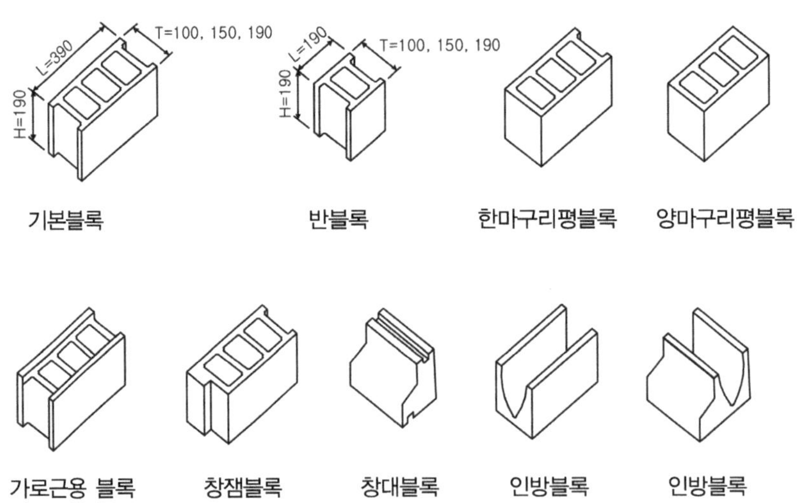

그림 4-21 | 각종 블록의 종류

블록구조의 종류

- **단순조적 블록조** : 블록을 그대로 쌓는 형식
- **보강블록조** : 가로 및 세로철근으로 보강하고 구멍을 모르타르 등으로 채워넣는 형식
- **거푸집 블록조** : 거푸집 대용으로 사용

(4) 석공사

돌은 천연재료로서 아름다운 무늬와 광택을 가지고 있으나 가공이 어렵고 중량이 무거워 운반 및 시공에 많은 노력이 필요한 반면 내구적이고 내화적인 재료이다.

돌은 사용하는 부위에 맞도록 주로 공장에서 가공하여 현장으로 운반되어 시공하며 모르타르나 부착물을 이용하여 시공한다. 돌은 바닥, 계단 등에는 모르타르를 사용하고 벽체는 주로 앵커철물이나 철재트러스를 이용하여 돌을 설치한다.

석재의 가공순서(수작업)

- ①혹두기(쇠메), ②정다듬(정), ③도드락다듬(도드락망치), ④잔다듬(날망치), ⑤갈기 및 광내기(숫돌, 그라인더)

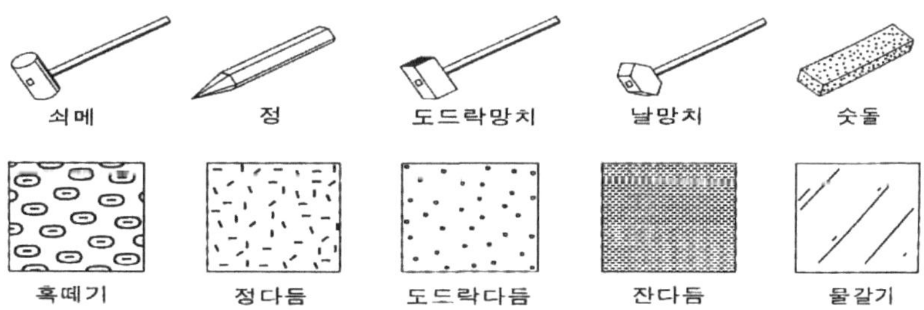

그림 4-22 | 석재 가공 공구

돌 시공법

- 습식공법 : 구조체와 석재 사이를 연결철물(놋쇠, 황동선 등)로 고정하고 모르타르를 채워서 일체화(바닥, 계단, 화단 벽 등)
- 건식공법 :
  - 앵커긴결공법 : 구조체에 앵커(anchor, fastener)를 사용하여 석재를 하나씩 붙여감
  - 강재트러스지지공법 : 미리 조립된 강재트러스에 지상에서 석재를 붙인 후 양중해서 벽 등에 붙임

- GPC 공법 : 프리캐스트 콘크리트(PC)를 제작 시에 석재를 미리 거푸집에 설치하고 콘크리트를 타설하여 마감자재로 제작

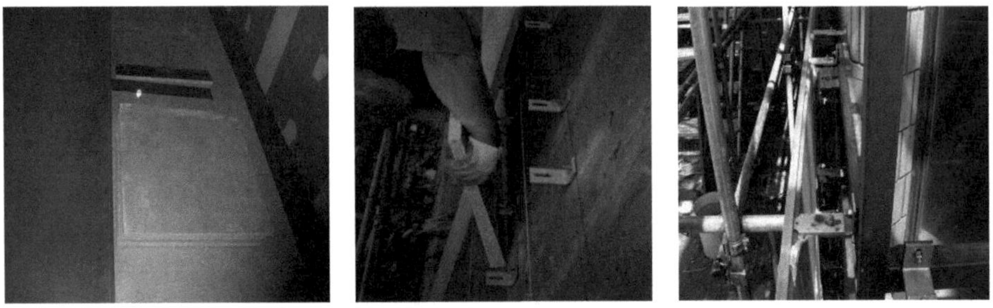

(a) 습식공법 (b) 앵커긴결공법 (c) 강재트러스지지공법

사진 4-16 | 석재 시공법

(5) ALC(Autoclaved Lightweight Concrete) 공사

ALC는 규사, 석회, 시멘트를 주원료로 하여 발포제를 첨가한 죽상태를 고온, 고압 양생조에서 일정시간 양생시킨 다기능 건축재료로 경량 기포 콘크리트를 이용한 공법의 총칭이며 ALC는 그 성형품을 말한다.

특성

- **경량성** : 비중이 0.5~0.7 정도로 콘크리트의 1/4 (ALC : 500kg/m³ 정도)
- **단열성** : 열전도율 0.10㎉/mh℃(콘크리트 : 1.4~1.5 ㎉/mh℃)
- **내화성** : 두께 75㎜의 ALC는 2시간 내화 성능 만족
- **차음성** : 두께 75㎜의 ALC벽체는 국내 차음 구조 기준을 만족
- **시공성** : 공장 생산 현장 시공으로 시공 편리, 현장에서 손쉽게 가공
- **무독성** : 화재 시 유해 가스 및 물질을 전혀 방출하지 않음

4.7.2 미장, 방수 및 타일공사

(1) 미장공사

미장공사는 바름재료를 이용하여 뿜칠, 바름도구 등을 이용하여 표면에 일정한 두께로 부착하는 공사이다. 미장재료는 공기 중에 경화하는 기경성 재료와 물에 의해 경화하는 수경성

재료로 구분되며 흔히 사용하는 시멘트모르타르 미장은 수경성이다. 시멘트 모르타르미장은 바탕처리 후에 초벌바름, 재벌바름, 정벌바름의 순으로 일정한 시간을 두고 바름두께에 맞게 시공해야 균열이나 탈락 등의 하자가 발생하지 않는다.

표 4-6 | 미장재료 종류

구 분		종 류
기경성(수축성)	진흙질	진흙(진흙, 모래, 짚여물, 물)
	석회질	회반죽(소석회, 모래, 여물, 해초풀)
		돌로마이트 플라스터(마그네시아 석회, 모래, 여물)
수경성(팽창성)	석고질	순석고 플라스터(순석고, 모래, 여물 ,물)
		배합석고 플라스터(배합석고, 모래, 여물, 물)
		경석고 플라스터(무수석고, 모래, 여물, 물)
	시멘트	모르타르(시멘트, 모래, 물)

시멘트모르타르 시공순서

- ①바탕처리 ②바탕청소 ③재료비빔 ④초벌바름 및 라스먹임 ⑤고름질 ⑥재벌바름 ⑦정벌바름 ⑧마무리 ⑨보양

모르타르 바름

- 바름순서는 위에서 아래로 하고 천장– 벽 – 바닥 순으로 함
- 재벌바름은 초벌바름 후 1~2주 경과하여 충분히 경화하고 균열이 발생한 후 시공
- 시멘트 모르타르 바름두께는 일반적으로 바닥 24, 천장 15, 내벽 18, 외벽 24mm 정도이며 바닥을 제외한 나른 부분은 3회로 나누어 바름

(2) 방수공사

방수는 외부 및 내부의 물과 습기 침투를 막아 건물의 성능저하를 예방하고 보호하는 공사이다. 공사완료 후에 방수하자가 발생하면 마감 부분까지 오염 및 훼손되어 수정작업에 많은 비용과 시간이 추가된다.

방수공사가 필요한 장소

- 지하실, 지붕, 화장실, 저수조 및 저수탱크, 수영장

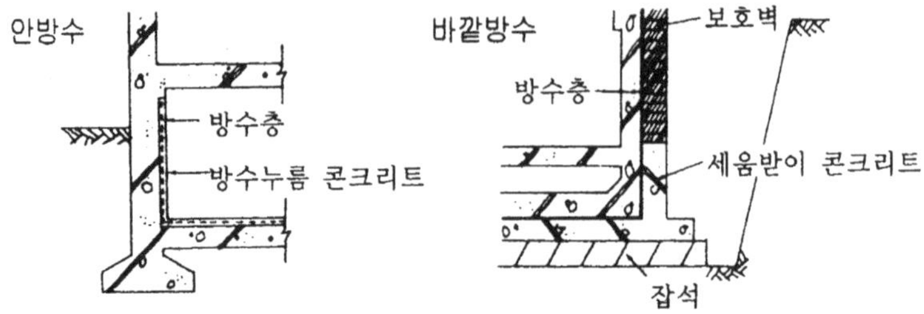

그림 4-23 | 안방수와 바깥방수

방수공사 공법

- 아스팔트 방수, 시멘트액체 방수, 도막방수, 시트(sheet)방수, 구체방수, 실링(sealing) 공사

(a) 시멘트액체방수 (b) 시트방수

사진 4-17 | 방수공사 사례

방수공사 일반사항

- 방수 바탕면은 방수품질에 절대적인 영향을 미치므로 바탕정리 및 건조 등에 유의해야 함
- 방수재료는 물을 흡수하지 않고 반발력이 있는 재료 사용
- 방수층이 깨지지 않도록 보호층 시공
- 방수공사 종료 후에는 담수테스트를 실시하여 방수공사의 품질 확인
- 방수공법은 해당 부위의 여러 조건을 고려하여 최적공법 선정

(3) 타일공사

타일은 점토와 암석가루 등을 사용하여 만들게 되며 주방, 화장실, 발코니 등 위생이 강조

되고 내수성 등이 요구되는 부위에 사용한다. 타일은 실제시공 부위를 실측하여 타일나누기를 하고 해당 부위에 시멘트모르타르나 접착제 등으로 접착하여 마감면을 마무리하는 공사이다. 타일은 다양한 종류, 크기 및 색상이 있어 부착 부위에 적합한 성질의 타일을 선정하고 탈락되지 않도록 주의하여 시공한다.

표 4-7 | 소지질에 따른 타일분류

구분	특성	소성온도(℃)	물 흡수율	시유여부	사용용도
도기질 (ceramict ile)	점토질로 만듦 탁음이 남	1050 ~1200	18.0% 이하	시유	타일, 테라코타, 위생도기, 기와
석기질 (stone tile)	규석질로 만듦 맑은 소리 남	1160 ~1350	5.0% 이하 (클링커타일은 8% 이하)	시유 무유	타일, 토기, 테라코타, 기와, 벽돌
자기질 (porcelain tile)	규석질로 만듦 맑은 소리 남	1160 ~1450	3.0% 이하	시유 무유	타일, 위생도구

타일의 시공순서

- ①바탕처리 →② 물청소 → ③타일나누기 → ④타일붙이기(공법별 처리) → ⑤치장줄눈처리(약 2~3시간 후) → ⑥양생/백화처리

타일시공법

- **떠붙임공법** : 타일 뒷면에 모르타르를 얹어 바탕 모르타르에 누르듯이 하여 1매씩 붙이는 공법
- **개량 떠붙임공법** : 바탕 모르타르를 초벌과 재벌로 두 번 발라 바탕을 고르게 하여 타일 뒷면의 붙임 모르타르를 골고루 얇게 붙이는 공법으로 떠붙임 공법의 단점을 개선한 공법
- **압착붙임공법** : 평평히 만든 바탕 위에 붙임 모르타르를 바르고 그 위에 타일을 비벼 넣거나 두드려 눌러 붙이는 공법
- **접착제 붙임공법** : 유기질 접착제를 사용하여 타일을 붙이는 공법으로 내벽에만 사용

4.7.3 수장 및 단열공사

(1) 수장공사

수장공사는 공사완료 후에 눈으로 직접 보이는 마감부분으로 공사의 완성 정도를 평가하는데 절대적인 영향을 미치게 된다.

주로 천장, 바닥, 벽체 등의 공사이며 천장은 목재나 철재로 틀(반자틀)을 구성하여 천장 마감재를 설치하는 경우와 천장틀 없이 직접 천장재로 마감하는 경우가 있다. 바닥은 바닥재를 접착제 등을 사용하여 바닥면에 붙이거나 컴퓨터를 사용하는 사무실바닥 등은 바닥을 띄워 하부에 공간을 만들어 전기 및 통신용 배선을 배선하기도 한다.

벽체도 직접 벽체에 벽지를 바르거나 칠을 하는 경우와 인테리어를 위해 별도의 벽체를 조성하여 마무리하는 경우가 있다.

바닥 공사

- 바름바닥 : 시멘트모르타르, 현장테라조갈기 등
- 붙임바닥 : 나무널판, 타일, 벽돌 등을 바탕 위에 고정철물, 접착제를 사용하여 붙임공법으로 마감하는 구조로 마루널, 타일, 자연석, 인조석, 시트류, 보드류 등
- 깔기바닥 : 깔기 바닥은 융단이나 카펫과 같이 설치와 제거가 자유로운 것으로 카펫, 융단, 아스팔트 타일, 고무 타일, 플라스틱 타일 및 리놀륨 타일 깔기 등
- 특수바닥 : 액세스 플로어, 온수온돌, 클린룸 바닥, 유리블록 등

벽체마감

- 외벽마감
  - 나무판벽 : 가로판벽, 세로판벽
  - 바름벽 : 진흙, 회반죽, 시멘트모르타르
  - 붙임벽 : 타일, 유리블록, 금속판, 석재
  - 커튼월 : 알루미늄바와 유리 사용
- 내벽마감
  - 나무판벽 : 징두리판벽, 코펜하겐리브벽
  - 바름벽 : 석고플라스터, 벽지, 시멘트모르타르
  - 붙임벽 : 타일, 합판, 섬유판, 석재

– 특수벽 : 경량칸막이, 방음벽, 방화벽 등

천장마감

- 천장을 가려 댄 구조체를 반자라고 함
- 반자 = 달반자(지붕틀 구성, 목조건축에 많이 사용) 또는 제물반자(바닥 밑에 직접바름)
- 반자틀(지붕틀)은 목조 또는 철제로 구성
- 반자의 종류 :
  - 바름반자 : 페인트, 회반죽, 시멘트모르타르
  - 붙임반자 : 널반자, 판반자, 종이반자, 금속판
  - 특수반자 : 방음, 방서 등
  - 특수바닥 : 액세스 플로어, 온수온돌, 클린룸 바닥, 유리블록 등

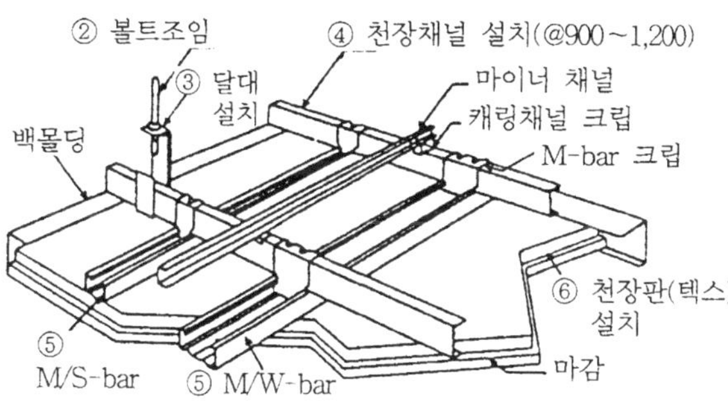

그림 4-24 | 경량철골 천장틀

(2) 단열공사

건축물의 바닥, 벽, 천장 및 지붕 등의 열손실 방지를 목적으로 하는 일반적인 공사로 단열 성능을 높이기 위해서는 단열재의 요구성능과 단열 공법의 선정, 시공시의 품질관리가 종합적으로 이루어져야 한다.

사용재료

- 섬유질 재료 : 암면, 유리면, 코르크
- 다포질 재료 : 기포유리, 단열모르타르, 기포콘크리트, 경량골재, 기포플라스틱, 발포폴리스티렌

- **반사성 재료** : 알루미늄 박판 및 방수지, 알루미늄 박판 및 아스팔트 펠트

단열공법의 종류

- **외단열 공법** : 단열재를 구조체 외측에 설치하는 공법으로 단열효과는 우수하나 시공이 어려움
- **내단열 공법** : 단열재를 구조체 내부에 설치하는 공법으로 단열성능이 적고 내부결로 발생 우려가 있으나 시공이 간편하고 공사비가 저렴
- **중단열 공법** : 단열재를 구조체 공간에 설치하는 공법으로 조적벽 공간이나 pc판의 단열에 이용하며 공사비는 비싸나 단열효과 우수

시공법의 종류

- **성형 단열재 붙임공법** : 스티로폼, 아이소핑크 등을 사용하여 구조체 시공과 동시에 시공 가능
- **현장발포공법** : 우레아폼, 발포콘크리트 등 복잡한 공간에도 압입하여 주입이 가능
- **뿜칠공법** : 암면, 펄프 등 뿜칠을 하여 접착시키며 방화재료로 사용 가능

4.7.4 도장공사

도장공사는 페인트를 도포하여 건조된 피막층을 형성시킴으로써 물체를 보호하여 내구성을 높이고 건물의 의장성, 방화성 및 보안측면에서도 중요한 역할을 한다.

도장의 기능

- 미장(색채, 모양, 광택, 입체감, 표현)
- 색채조절(환경개선, 능률증진, 보안 등)
- 물체의 보호(내식, 내화, 절연 등)
- 표식(광고간판, 교통보안, 방재 등)

페인트의 구성

- **도막** : 페인트의 성분 가운데 건조하여 표면에 남는 것으로 두꺼운 도막이 얻어질수록 페인트로서의 손실이 적으므로 좋은 도료

- **투명도료와 불투명도료** : 안료의 포함 정도에 따라 투명, 불투명도료로 구분되며 투명도료는– 안료가 포함되지 않은 것(클리어 래커, 바니시 등), 불투명도료는 안료가 포함된 것(페인트, 에나멜, 래커 등)

도장의 공정

① 바탕처리 → ② 초벌 → ③ 재벌 → ④ 정벌

(② 초벌과 ③ 재벌 사이에 연마, ③ 재벌과 ④ 정벌 사이에 연마)

도장공법

- **칠솔 도장법(붓도장)** : 붓을 이용하여 손으로 도장하며 속도가 느림
- **롤러 도장법** : 롤러 브러시를 사용하여 손으로 칠하는 방법과 고무 롤러 등의 사이에 물품을 넣어서 기계적으로 도장하는 방법 등이 있음
- **뿜 도장법** : 압축 공기를 써서 안개 모양으로 하여 도료를 분무하여 도장하는 방법으로 현재는 대부분의 뿜 도장을 사용
- **침지 도장법** : 물품을 도료 안에 침지하여 끌어올리고 그 여분인 도료가 흐르지 않게 한 후에 건조하는 방법
- **부동 도장** : 공중에 떠 있는 피도장물에 도료를 뿌리는 방법으로 스프레이법보다는 도료의 손실이 적으며 대량 생산 도장에 사용
- **자동 도장** : 도장하는 것을 손작업에서 기계화한 것

4.7.5 금속 및 커튼월공사

(1) 금속공사

금속공사는 철, 비철금속 및 이들의 2차적 제품을 주재료로 하여 제조된 기성철물이나 도면 또는 특기시방에 따라 제작하는 철물로서 구조용이 아닌 주로 장식, 손상방지, 도난방지 등의 목적을 위하여 다른 부분에 고정하는 공사이다.

금속철물 종류

- **조이너(joiner)** : 텍스, 보드, 금속판, 합성수지판 등의 줄눈에 대어 붙이는 재료

- 인서트(insert) : 콘크리트 바닥판 밑에 천장을 구성하기 위해 달대를 매달기 위한 철물
- 논슬립(non-slip) : 계단의 디딤판 끝에 대어 미끄러지지 않게 하는 철물
- 코너비드(corner bead) : 기둥, 벽 등의 모서리에 대어 미장바름 보호하는 철물
- 익스팬션볼트(expansion bolt) : 콘크리트 면의 뚫린 구멍에 볼트를 박으면 끝이 벌어져 고정되는 철물
- 드라이브 핀(drive pin) : 앵커볼트 대용으로 사용하며 바탕면에 큰 힘을 받지 않는 곳에 박아 사용

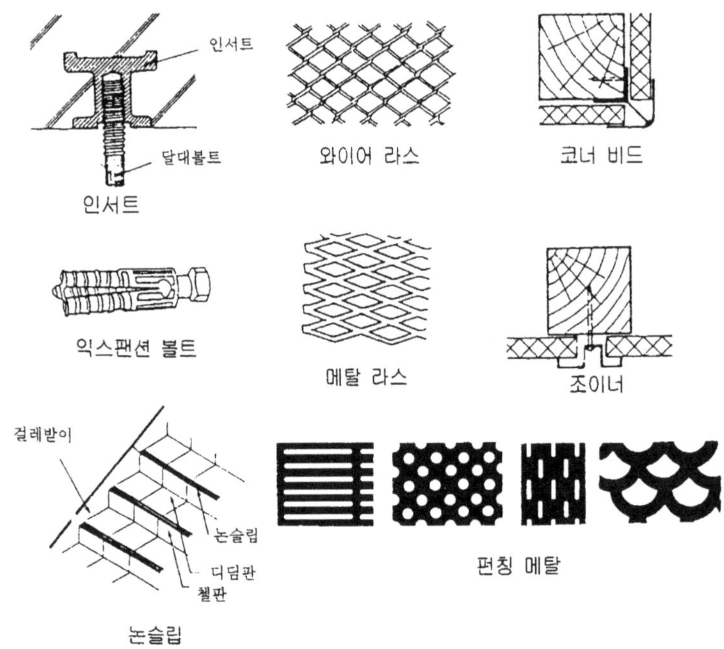

그림 4-25 | 금속철물의 종류

(2) 커튼월공사

커튼월(curtain wall)이란 장막벽으로써 건물의 외벽을 구성하는 비내력벽으로 건물의 골조에 고정철물을 사용하여 부착한다. 즉 구조체에서 분리되어 건물의 내/외부를 구획하기 위하여 설치되는 비내력벽을 의미한다.

커튼월의 구성재료

- 알루미늄, 철, 스테인리스, 유리 및 기타

조립공법 에 의한 분류

- 녹다운 공법(Stick System) : 커튼월의 각 부재들(멀리온, 수평프레임, 패널, 유리 등)을 현장에서 조립(knock down system)하며 현장여건에 대한 유연성과 운송이 용이한 반면 생산성 및 품질관리 측면에서 다소 불리
- 유닛공법(Unit System) : 부재들을 공장에서 제작/조립하여 현장에 설치하며 단층 또는 다층 단위로도 설치가능하고 선 유리끼움(pre-glazing)도 가능 장단점은 녹다운공법과 반대

(a) 녹다운공법 (b) 유닛공법

사진 4-19 | 커튼월 시공법

커튼월 설치순서

- ①기준 먹매김, ②구체 부착물 설치, ③부속재료 설치, ④유리설치, ⑤시일공사, ⑥표면마감, ⑦화연방지층 시공

4.7.6 창호 및 유리공사

(1) 창호공사

창호는 창문과 문을 말하며 창(window)과 문(door)을 총칭하며 창은 주로 일광, 환기 등의 목적에 사용되고 문은 사람이나 물건의 출입 목적에 쓰인다. 창호란 문꼴(opening)에 달아 채광·환기·출입에 쓰이는 것으로, 동시에 방풍·방우·방서·방한·방도의 역할을 하는 것으로 창문(window and door)이라고도 한다.

창호의 종류 및 표시법

- 목재 창호

- 금속제 창호
- 합성수지재 및 기타 창호

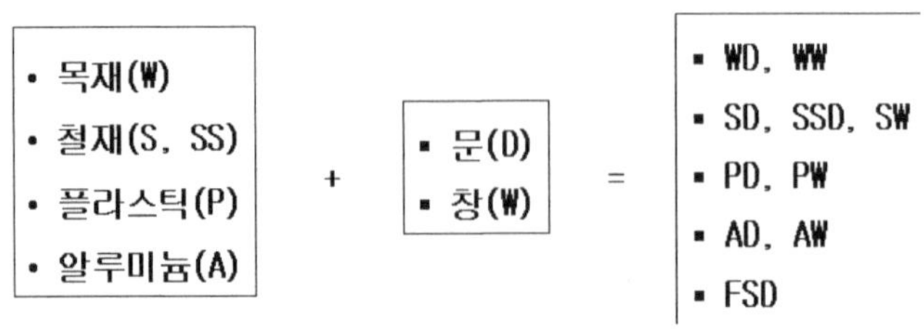

그림 4-26 | 창호의 표시법

창호의 구성

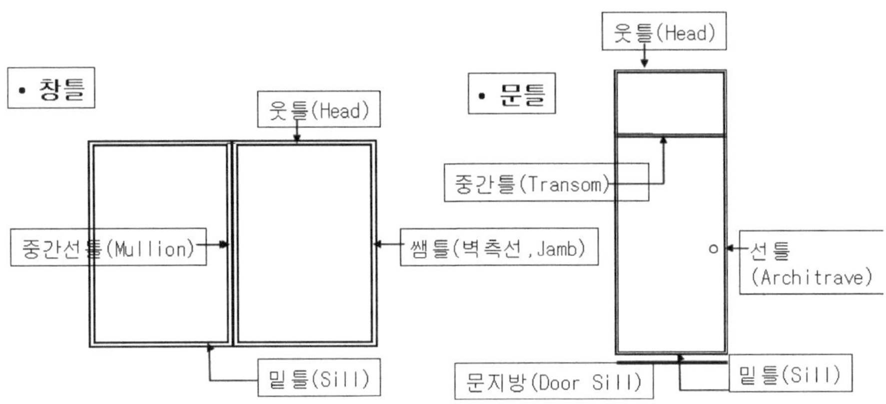

그림 4-27 | 창호의 구성

창호철물

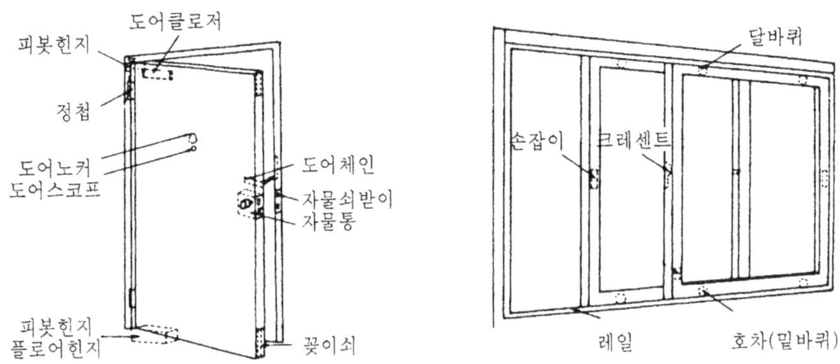

(a) 여닫이문의 창호철물 (b) 미세기창의 창호철물

그림 4-28 | 창호철물

특수문의 종류

특 수 문	내 용
주름문	문을 닫았을 때 창살처럼 되는 문으로 세로살, 마름모살로 구성되며 상하 가드레일을 설치, 방도용
회전문	외풍을 막고 기밀성을 높인 문으로 회전지도리를 사용, 현관의 방풍용
양판철재문	갑종 방화문, 을종 방화문
행거도어	창고, 격납고, 차고, 현장정문 등 대형문에 사용
아코디언도어	칸막이용 가변적 구획
무테문	테두리에 울거미가 없는 일반용, 현관용 문
접 문	여러 문짝을 서로 경첩으로 연결하고 상부에 도어행거 사용

(2) 유리공사

유리는 각종 규산염류가 서로 혼합 용융되어 굳어진 것으로 단일 화합물이 아니고 규사, 탄산소다, 탄산칼륨, 석회석 등 비교적 지구상에 많이 있는 원료들을 적당한 배합률로 혼합하여 가열 용융시켜 만든다. 그 조성은 원료에 따라 특색이 있고 성질과 용도도 광범위하여 각종 건축물에 적용된다.

유리설치 공법

공 법	내 용
퍼티 고정 방법	삼각목 박기 고정법은 3각목, U자 형목 등을 못으로 박고 유리를 고정하여 퍼티를 실시하는 방법이며, 글립 퍼티 고정 방법은 클립과 유리 퍼티를 사용해서 금속제 창호에 유리를 부착시키는 시공법
누름대 고정 방법	하부의 소정 위치에 세팅 블록을 대고 퍼티 고정 공법과 똑같이 깔 퍼티를 하여 유리를 끼운 다음 누름대를 비스로 고정
개스킷 고정 방법	고무나 합성수지로 유리의 양측에서 끈으로 된 개스킷을 끼우는 방법
실링(sealing) 공법	세팅, 블록, 라이너로 유리를 고정하여 양측을 실링재로 실링하는 공법
서스펜션 공법	판유리의 상단을 특제의 철물로 끼워서 달아매어 설치하는 공법
SGS공법(Structural Glazing Sealant)	알루미늄 frame 대신 고성능 sealant만을 사용하여 유리를 끼우고 고정시키는 방법

4.7.7 지붕 및 홈통공사

(1) 지붕공사

지붕은 방수, 방화, 내구, 내후성, 단열성, 차음성 등을 갖춰야 하며 빗물이 잘 흐르고 비바람에 견고하며 외관 등도 미려해야 한다.

지붕물매

- 지붕은 빗물이 잘 흐르도록 경사를 두는 것이 물매(slope, pitch)임
- 물매는 수평거리 10cm에 대한 직각 삼각형의 수직높이로 나타내며, 3cm, 5cm 물매라 부름
- 물매의 표시방법 : 5cm 물매를 5/10 경사 또는 5:10물매라고도 함
- 10cm 물매, 45도 경사를 되물매, 그 이상을 된물매라고 함

재료상 지붕의 종류

- 기와지붕 : 한식기와, 일식기와, 양식기와
- 슬레이트 지붕 : 골슬레이트, 평슬레이트
- 금속판 지붕 : 함석판, 동판
- 유리 및 플라스틱 지붕
- 철근 콘크리트 지붕
- 아스팔트 싱글 지붕

구조상 지붕의 종류

- 외쪽지붕, 박공지붕, 모임지붕, 합각지붕, 네모지붕(pavilion roof), 뾰족지붕(pinnacle roof), 맨사드지붕(mansard roof), 꺾인지붕(curb roof), 톱날지붕(saw tooth roof), 평지붕(flat roof)

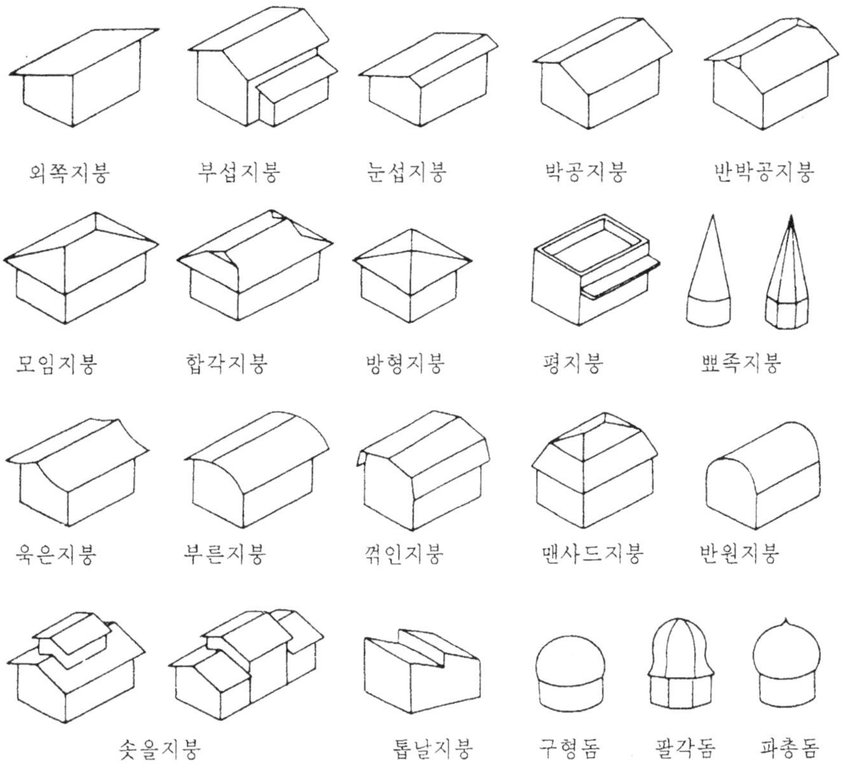

그림 4-29 | 지붕의 형태

(2) 홈통공사

홈통(gutter)은 지붕에서 흘러내리는 물을 처마 끝에서 받아 지상 또는 지하 배수관에 흘려보내는 역할을 하며 기후, 주위환경, 강수 및 적설량 등을 고려하여 홈통의 재료 및 크기 등을 결정한다.

홈통의 종류

- **골홈통** : 지붕의 골부분에 만들어진 것
- **처마홈통** : 처마부분에 반원형 등으로 처마 하부에 설치(물매 1/100)
- **선홈통(세로홈통)** : 골홈통, 처마홈통에 모인 물을 땅으로 흐르게 함
- **깔때기홈통** : 처마홈통과 선홈통의 연결홈통
- **장식홈통** : 깔때기홈통과 선홈통의 연결부위
- **낙수받이돌** : 선홈통과 땅바닥이 닿는 곳

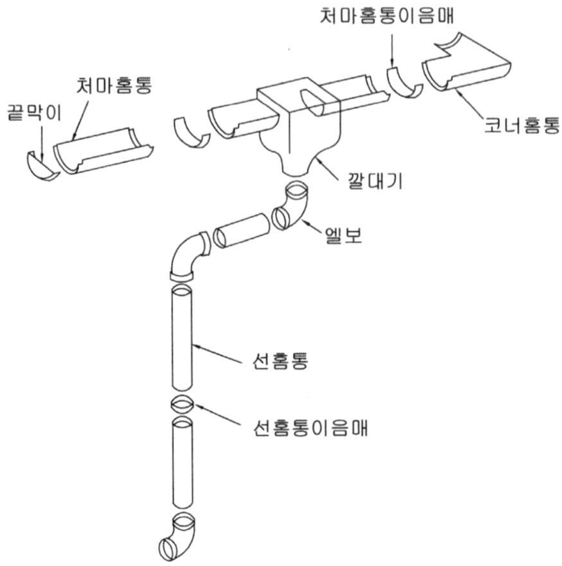

그림 4-30 | 홈통의 구성

제 5 장

건축환경

5 건축환경

5.1 건축과 환경

5.1.1 건축환경 개요

건축은 인류의 탄생과 더불어 시작되었으며 인류가 생존하는 동안은 지속적으로 변모하고 발전할 것이다. 건축은 자연환경에 순응하고 자연현상과 맹수의 공격을 피하기 위한 거처를 마련하는 것으로부터 시작하였으며 차차 빛을 실내로 끌어들여 창을 만들고 편안한 공간을 만들기 위해 노력해 왔을 것이다.

이처럼 자연환경은 우리의 생활양식에 지대한 영향을 미치는데 자연환경은 기본적으로 기후적 환경과 지리적 환경으로 나눌 수 있다. 기후적 환경은 해당지역의 날씨, 기온, 비, 바람 등 기후요소와 관련이 있으며 지리적 환경은 평야, 경사지, 바닷가 등의 기후인자와 연관되며 토지의 지리적인 위치를 말한다.

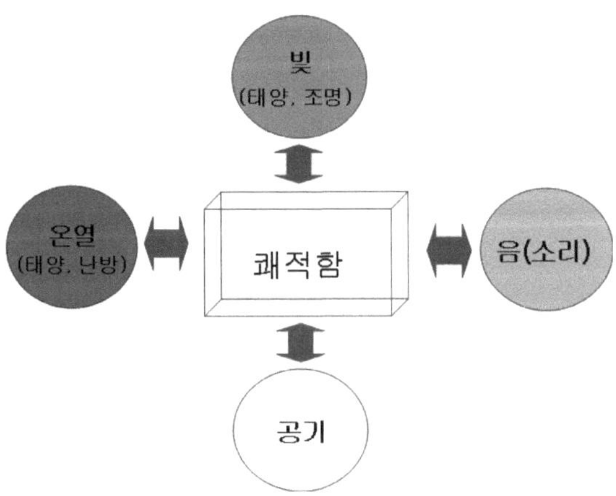

그림 5-1 | 건축환경 요소

일반적으로 환경은 인간생활과 연계되는 모든 주변을 포함하며 환경은 정의하기에 따라 그 의미와 폭이 다양하지만 여기서는 건축물과 관련되는 환경에 대해서만 언급한다.

근래에 산업화, 과학의 발달과 생활수준의 향상으로 도시집중과 건물의 고층화, 대형화로 각종 설비를 이용한 주거 및 사무환경 개선에 많은 발전이 뒤따랐고, 환경에 대한 관심과 연구 활동이 증가하고 있다.

오늘날은 건축수법의 발달로 사람 거주공간의 환경과 용도에 알맞은 빛, 온도, 습도, 기류 등을 자동 조절하는 건물이 탄생하게 되었다.

건축의 환경조절은 자연환경을 조절하는 방법과 기계설비를 사용하여 조절하는 방법으로 대별할 수 있다. 전자는 건축 환경 분야로 볼 수 있고 후자는 건축설비 분야로 구분할 수 있다.

과거에는 주변의 지역, 지형 및 기후 등에 알맞게 건축수법을 달리하고 재료선정, 건축물 구조 및 건물의 형태 등을 다르게 하는 자연환경을 조절하는 수법이 주로 사용되었다면 최근에는 기계적인 방법과 수단을 사용하는 기계설비 수법에 친환경적인 자연형 수법을 동시에 고려하는 방향으로 발전하고 있다.

산업혁명 이후 각종 기계, 정보기술의 발달로 설비에 의존하는 건물이 주로 설계되고 시공되었으나 최근에 와서 지구의 자연환경 보호, 에너지 절약 등이 대두되어 친환경 건축에 관한 관심과 수요가 증가하고 있다.

쾌적한 실내환경에 영향을 미치는 요인은 물리적 요인, 미적 요인, 심리적 요인, 생리적 요인, 기능적 요인 등이 있다. 이 중에서 환경공학 분야에서 주로 다루는 빛 환경, 열환경, 음(소리)환경 및 공기환경 등의 물리적 요인은 생리적 및 심리적 요인에도 영향을 미친다. 사람이 생활하는 실내공간은 건강하고 쾌적하며 능률적으로 작업을 수행할 수 환경조건을 유지해야 한다.

■ 자연형 조절법

- 건물의 형태, 외피계획, 재료, 구조 등으로 실내환경을 인간생활에 적합하도록 환경을 조절하는 수법

■ 설비형 조절법

- 기계적인 설비를 이용하여 외부의 기후조건과 무관하게 적정하게 실내의 공기, 온도, 습도 등을 조절하는 수법

5.1.2 기후요소

(1) 기온(temperature)

기온이란 대기의 온도를 의미하며, 백엽상에서 측정한 공기의 온도이다. 기온은 태양과 지구 사이 일사에 의해 대기권의 기후가 결정된다. 낮에는 태양의 일사가 지구 표면으로 전해져 지표면의 온도가 올라가고 밤에는 지표면이 냉각되어 온도가 떨어진다. 태양의 주위를 도는 지구의 공전으로 계절이 바뀌고 지구의 자전으로 밤과 낮이 바뀌게 된다.

- **일교차** : 하루에도 최고온도와 최저온도가 존재하는데 이 두 온도차
- **월평균기온** : 월별로 기록된 온도의 평균
- **연교차** : 기온은 계절에 따라 1년 주기로 변하는데 1년 중 가장 더운 달과 추운 달의 월평균 기온차

(2) 습도(humidity)

습도는 공기 중에 함유하고 있는 수증기의 양을 의미한다. 습도는 절대습도와 상대습도로 구분하며 습도의 측정은 건구온도와 습구온도의 차이를 이용하여 측정한다.

일반적으로 우리나라는 계절풍의 영향으로 여름에는 습도가 높고 겨울에는 낮아 여름에는 무덥고 겨울에는 건조하게 된다.

- **절대습도** : 공기 중에 들어있는 수증기량이며 공기의 온도와는 무관함.
- **상대습도** : 일정한 온도에서 현재 공기에 함유된 수증기량과 포화수증기량의 상대적인 비(%)로 표현, 상대습도 = [수증기압/포화수증기압] × 100(%)

(3) 일사(solar radiation)량과 일조시간

일사는 태양으로부터 방출되는 복사에너지를 의미하며, 자외선, 적외선, 가시광선으로 구분한다. 어느 지역에서 일정기간 중 태양의 직사광선을 받을 수 있는 시간을 일조시간이라 하며, 일사량은 태양에너지를 양적으로 측정한 것이다.

지구 표면으로 전달되는 복사에너지는 계절, 시간별 등에 따라 달라진다. 건축에서 여름에는 차양 등을 설치하여 복사에너지를 차단하는 방법을 고려하고 겨울에는 채광유리 등을 이용하여 적극적으로 일사량을 늘리기 위한 방법이 강구된다.

(4) 강수량

비, 눈, 이슬, 서리 등이 지표면에 떨어져 생기는 수분을 의미하며, 강수량이 많으면 지붕 방수, 건물의 부식 등에 좋지 않은 영향을 미친다. 우리나라의 일부지역은 여름 장마철과 겨울의 폭설 등에 대비하여 적절하게 건물의 외관과 지붕형태를 설계한다. 눈은 녹을 때까지 지붕에 큰 하중으로 작용하며 녹은 물이 건물로 침입하거나 건물에 사용한 자재를 부식시키거나 부패시킨다.

최근 기후변화로 강수량이 적어 물이 부족한 나라가 많으며 각 국에서 물의 저장과 재사용 시설에 설비적 투자를 하고 있다.

(5) 기압과 바람

대기압은 지상의 물체 표면에 작용하는 압력이며 일반적으로 수은주 높이 760mm를 1기압으로 정한다.

바람은 압력 및 기온 차이로 발생하며 이는 지구의 자전과 기온 차이로 인해 발생하는 대류현상의 결과이다. 바람의 속도는 건물 등의 마찰저항으로 지표면에서는 느리고 높이가 높아질수록 커지며 도심지의 고층빌딩 사이로 국부적인 강풍이 불기도 하는데 이를 빌딩바람(빌딩풍)이라 한다. 바람은 건축물에 풍압력으로 작용하고 건물에 미치는 영향이 크며 특히 초고층 건물의 형상을 결정하는데 중요한 요인 중의 하나이다. 또한 건물 내부의 자연환기와 통풍과도 연관이 있으며 지붕의 재료와 형태에도 영향을 미친다.

5.2 빛 환경

5.2.1 개 요

사람이 사물을 인지하는 것은 빛을 통해서 가능하며, 건물의 설계와 시공과정에도 빛의 영향을 고려함은 물론이다. 빛은 태양처럼 자연의 빛도 있지만 조명을 통한 인공조명의 빛도 있다. 빛환경은 태양의 빛을 이용한 자연광과 인공적으로 만들은 인공조명으로 공간의 사용목적에 따라 밝기를 조절하는 것이다.

건물에서 창의 위치와 크기의 조절, 다양한 유리의 사용으로 빛의 조절로 실내의 다양한 분위기를 연출할 수 있다. 아름다움을 위해 유리를 사용하기도 하지만, 태양빛을 받아들이기 위해 유리를 사용하며, 건축적 수법을 이용하여 필요한 곳에 적절한 양과 질의 빛을 조절하게 한다.

빛은 건물의 목적에 따라 빛의 밝기 정도와 일사량 등이 조절되며, 건물의 위치와 형태, 주변환경 등에 따라 영향을 받는다.

건축에서 빛환경은 건축조명이며, 자연조명과 인공조명으로 구분한다.

빛과 열복사는 모두 물체에서 방출된 전자파로 복사에너지의 일종이다. 사람이 눈으로 사물을 인식할 수 있는 것은 태양에서 방출하는 가시광선 때문이다. 가시광보다 파장이 큰 적외선은 열효과가 크며 자외선은 살균작용, 비타민 D 생성에 영향을 미친다.

태양에서 방출되는 에너지는 지구의 공전과 자전에 의해 지구에서 받는 에너지량이 변화한다. 즉 지구는 태양 주위로 타원형 궤도로 1년을 단위로 회전하면서 하루에 1회씩 지축을 중심으로 회전하는데 지축이 23.45° 도 기울어져 있어 계절의 변화가 생기는 것이다. 일사는 태양으로부터 받는 복사에너지이다.

5.2.2 빛의 주요단위

(1) 광속

광속은 광원에서 방사되어 공간을 통해 어느 면에 입사하는 단위시간당 빛의 에너지량이며, 단위는 루멘(lm)을 사용한다.

(2) 조도

조도는 단위면적당 입사하는 광속의 양(밀도)으로 면의 밝기를 표현하며, 단위는 룩스(lx)를 사용한다. 점광원의 경우 조도는 광원으로부터의 거리제곱에 반비례한다.

(3) 광도

광도는 점광원의 특정 방향에 대한 빛의 양(강도)을 나타내는 말이며, 단위는 칸델라(cd)를 사용한다.

(4) 휘도

광원으로부터 어느 방향으로의 광도를 그 방향에 대한 광원의 투영면적으로 나눈 값으로 표현되며, 단위는 cd/㎡(니토-nt)를 사용한다.

휘도가 높으면 눈부심이 발생하고 피로감을 느끼게 한다.

5.2.3 조명의 종류

(1) 자연조명(자연채광, 주광조명)

태양 빛을 사용하여 낮에 이용하는 조명이며, 계절과 일기에 따라 빛의 양이 달라진다.

(2) 인공조명(조명)

인공광원(백열등. 형광등, 수은등 등)을 사용하여 전기에너지를 빛에너지로 변환시켜 조명하는 방법으로 거주공간의 사용목적과 용도에 따라 광원의 종류, 빛의 세기가 달라진다.

(3) 혼합조명

자연조명과 인공조명을 혼합하여 사용하는 것이며 자연광을 최대한 사용하면 에너지를 절약할 수 있다.

5.2.4 조명의 방식

(1) 전반조명과 국부조명

- 전반조명 : 사무실, 학교 등과 같이 넓은 범위를 같은 정도의 조도를 필요로 하는 곳에 일정한 조도가 확보되도록 하는 방법
- 국부조명 : 부분적으로 높은 조도가 요구되는 경우에는 국부적으로 조명하여 조도를 밝게 하는 방법으로 입체감, 질감 등을 표출하기 위해 집중적으로 조명설비를 함

(2) 직접조명과 간접조명

- **직접조명** : 직접광이 반 이상을 차지하는 경우로 작업면에서 높은 조도 확보
- **반간접조명** : 간접광이 반 이상인 경우로 일부 빛이 천장에서 반사되도록 한 것
- **간접조명** : 모두가 간접광인 경우로 대부분의 빛이 천장으로 향하고 천장과 벽 반사율이 높아야 효과적임

그림 5-2 | 조명방식

(3) 건축화 조명

조명기구를 벽, 천장 등 실 구성부재와 일체시킨 조명으로 건축 인테리어의 시설로 취급되기도 하며 건축설계 및 인테리어 설계시에 조명설계를 반영하여 실내의 분위기에 맞도록 설치한다.

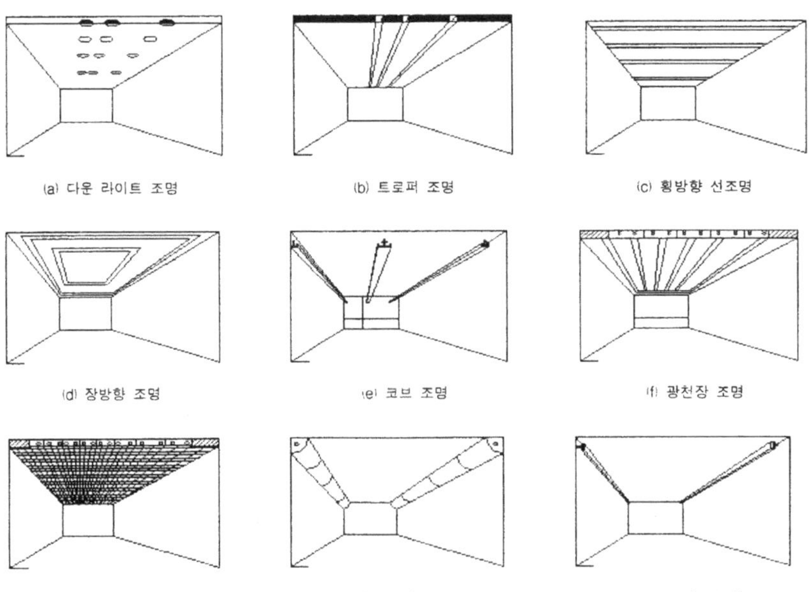

그림 5-3 | 건축화 조명

5.3 열 환경

5.3.1 열 환경 기초

열환경은 실내에서 생활하는 사람의 온도체감에 따라 덥거나 추위를 느끼는 것을 말하는데 이것은 실내의 온도, 습도, 공기의 흐름 등에 의해 나타나는 현상이다.

열환경의 조절은 건축설계, 시공, 구조 및 설비 등 건축의 모든 분야와 관련이 있는데 예를 들면 건물은 외부에서 발생하는 열을 차단할 수 있도록 설계되고 재료가 선정되며, 열의 이동을 저감시키거나 차단하는 단열재 등을 활용하고 있다. 특히 외기와 직접 면하는 부위인 외벽, 천장, 최하층 슬래브 등에는 단열재를 설치하고 있으며 창과 문 등의 크기와 위치를 다르게 하여 열환경을 조절하기도 한다.

최근 건물의 외부를 구성하는 유리나 벽체 등은 단열성능이나 기밀성능을 고려하여 에너지 절감차원에서 재료선정이 이루어지고 있으며, 시스템창호, 로이유리 등이 대표적인 사례이다.

그러나 실내외의 온도차가 크면 실내의 표면에 물방울이 맺히게 되는 결로현상이 발생하게 되는데 공기에 포함된 수분의 양에 따라 결로현상이 발생하므로 실내의 적절한 온습도 조절이 필요하다.

5.3.2 열에너지의 형태

(1) 현열

물체에서 실제적으로 느껴지는 열로 온도를 통해 물체가 가지고 있는 열을 측정할 수 있다. 현열은 분자의 운동형태로 발현되며 열의 양은 물체의 온도 및 부피와 연관이 있다.

(2) 잠열

물체의 상태변화에 사용되는 열로 온도계로는 측정할 수 없는 열이다. 잠열은 열을 저장하고 이동하는데 사용된다. 물체의 상태변화를 일으키는 열로 잠열이 현열보다 크다.

(3) 복사열

복사는 물체로부터 방출되는 에너지를 말하며 열복사가 물체에 흡수되면 열로 변환되는 것처럼 복사에 의해 발생하는 열을 복사열이라 한다. 복사열은 검은색 또는 거친 면에 흡수되고 흰색 또는 거울과 같이 매끈한 물체에는 반사된다.

■ 열섬현상(heat island)

- 도시의 기온이 주변지역에 비해 매우 높게 나타나 온도분포를 보면 도시가 섬 모양으로 나타나는 현상, 도시는 인구증가로 에너지 사용량 증가, 녹지 감소 및 인공재료에 의한 열 냉각 효과 저하, 미세먼지에 의한 온실효과 등으로 도심으로 갈수록 기온이 높게 나타남

5.3.3 열의 전달방식

열은 일반적으로 높은 곳에서 낮은 곳으로 이동한다. 열은 에너지이며 전도, 대류, 복사라는 방법으로 에너지가 전달되며 이를 전열현상이라 한다. 일반적으로 물체의 열전달은 전도, 대류, 복사현상이 개별적으로 일어나는 경우보다는 복합적으로 일어난다. 고체간의 열전달은 전도로 이루어지는 것으로 고려하지만 이것은 고체 내부에 공극이 없고 균질하다고 가정한 것이나 실제로는 고체 내부에는 공극이 존재하여 대류나 복사에 의해서도 열이 전달될 수 있는 것이다.

(1) 전도(conduction)

물체를 통해 직접 열이 전달되는 방식으로 고체와 고체 사이 접촉에 의한 열전달이 이에 해당한다. 물질의 이동 없이 온도가 높은 곳에서 낮은 곳으로 흐르는 현상을 말하며 물체의 열전도율에 따라 이동하는 열량이 달라진다.

■ 열전도율(kcal/m · h · ℃)

- 재료가 열을 전하는 정도로 특정 재료의 두께를 1m, 재료의 양면의 온도차가 1℃일 때 이 재료의 단위 면적당[m^2] 흐르는 열량

(2) 대류(convection)

입자 자체가 움직여서 열을 전달하는 방식으로 액체 또는 공기의 운동에 의해 열이 이동하는 현상으로 고체 표면과 유체(액체나 기체) 사이에 열이 전달되는 형태이다.

액체를 가열하여 뜨거워지면 팽창하고 가벼워져서 상승하고 식히면 수축되어 하강하게 되는 현상이 대류이다. 유체온도가 다른 부분의 상승류와 하강류가 서로 움직여서 에너지를 가진 물질이 한 장소에서 다른 장소로 운반되고 혼합되는 과정에서 이루어지는 열이동 현상이다.

대류는 자연대류와 강제대류로 대별할 수 있다.

- **자연대류** : 온도차에 의한 밀도의 변화로 대류현상이 발생하는 것으로 유체가 더워지면 밀도가 낮아지면서 상승하여 자연적으로 순환이 이루어진다. 자연대류는 중력에 의존하므로 열이 아래쪽으로 전달되지 않는다. 굴뚝에서 연기가 나오는 것이 예이다.
- **강제대류** : 펌프, 팬, 송풍기 등을 이용하여 강제적으로 대류현상이 일어나도록 하는 경우로 자연대류가 원활하지 않은 경우나 적극적인 공기순환이 필요한 경우에 사용된다. 음식점 등에서 팬을 이용하여 공기를 강제로 순환시키는 경우가 해당된다.

(3) 복사(radiation)

온도를 가지는 모든 물체는 열을 복사하고 있으며, 전자기파에 의해 열을 전달하는 방식으로 물체로부터 방출되는 복사에너지를 말한다. 어떤 물체에서 발산하는 열에너지가 복사선을 투과하는 공간을 통해 다른 물체로 도달하면 다시 열에너지로 바뀌는 것과 같은 선파에 의한 전열이다. 고체의 표면과 표면 사이에서 열을 전달하는 방식이며 중력의 영향을 받지 않으므로 위·아래로 열을 복사할 수 있다. 방열기(라디에이터 등)를 이용하거나 바닥에 패널히팅으로 난방하는 방식은 복사열을 이용하는 것이다.

■ 온실효과(green house effect)

- 대기 중의 이산화탄소 등의 증가로 인해 지표면에서 우주로 향하는 적외선 복사열을 흡수하여 이를 지구로 재복사시켜 지표나 하층 대기의 기온을 상승시키는 것으로 빛은 투과시키고 열은 내보내지 않는 온실과 같은 현상 발생, 화석연료(석탄, 석유, 천연 가스)의 연소로 생성된 대기 중의 이산화탄소에 의해 지구의 온실효과가 심해지고 장기간에 걸친 기후변화가 나타난다.

(4) 열전달

열전달은 고체벽과 이와 접촉하는 유체와의 사이에 일어나는 열의 이동으로 이 전열과정은 대류 이외에 복사와 전도가 함께 작용하여 이루어진다.

■ 열전달률 또는 열전달계수(kcal/㎡ · h · ℃)
- 단위시간에 단위 온도차일 때 단위 표면적에서 이루어지는 열전달량, 벽 표면적 1㎡, 벽과 공기의 온도차가 1℃일 때 단위시간에 흐르는 열량

(5) 열관류

고체로 격리된 공간의 한쪽에서 다른 쪽으로 열이 전달되는(전열)을 말하며, 열이 관류(통과)되는 정도를 열관류율(k)라 한다. 다시 말하면 열관류는 고온측의 공기로부터 벽체 표면으로 열전달, 벽체 내부의 열전도, 그리고 벽체표면에서 저온측 공기로의 열전달을 포함한다. 열관류율이 적으면 단열성능이 우수한 것이다.

■ 열관류율(kcal/㎡ · h · ℃)
- 벽체를 사이에 두고 단위 표면적을 통해 단위시간에 고체벽의 양측 유체가 단위 온도차일 때 한쪽의 유체에서 다른 쪽 유체로 전달되는 열량, 벽 표면적 1㎡, 벽을 사이에 두고 양쪽 유체의 온도차가 1℃일 때 단위시간에 흐르는 열량

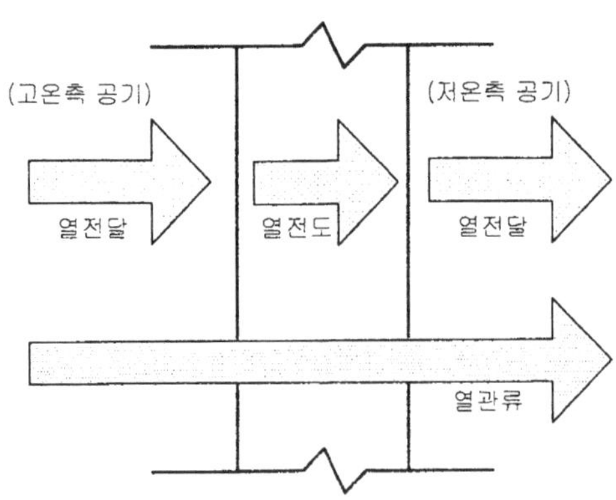

그림 5-4 | 열관류 현상

5.3.4 건물의 열환경

건축물은 자연현상에 의해 외피가 열을 받아 그 열이 실내로 전달되고 내부공간이 덥거나 차게 되어 사람이 거주하기에 좋지 않은 환경을 만든다. 그러므로 설계 시부터 반드시 외부의 열전달을 차단하기 위해 자재의 단열성능이 고려되어야 한다.

건축에서는 내부의 단열과 에너지 절감을 위해 단열재를 설치하거나 공기층을 두어 열전달을 막는 수법을 사용하여 왔다.

(1) 열부하

건물은 내부에서 발생하는 열량과 외부로 손실되거나 획득하는 열량의 합산으로 산정한다. 열부하의 합산에 따라 냉방과 난방이 결정되는 것이다.

건물의 열손실은 구조체의 각 부위를 통하거나 환기에 의해 발생하며 반대로 건물의 열획득은 인체, 조명기구, 설비기기 등의 내부발열이나 태양으로부터 획득한다.

■ 난방부하
- 실내의 온도를 일정하게 유지하기 위해 손실되는 열을 공급하는 열량

(2) 열감각의 영향요소

사람이 느끼는 체감온도는 실내에서는 주로 공기의 온도에 영향을 받지만 상대습도, 복사, 기류에도 영향을 받으며, 외부에서는 바람의 풍속에 영향을 많이 받는다.

열환경 요소인 기온, 습도, 기류, 복사를 열환경의 4요소라 하며 사람이 느끼는 체감온도는 4요소의 조합에 의해 결정되는 것이다. 이러한 요소들은 날씨와 계절에 따라 영향을 미치는 대소 정도는 달라지며 이러한 영향을 고려하여 실내공간의 쾌적성이 확보되도록 해야 한다.

(3) 열환경의 평가

열환경을 평가하기 위해서는 위에서 언급한 열환경 4요소를 모두 고려하여 평가하는 것이 이상적이지만 복잡하고 판단이 어려우므로 단일척도를 활용하여 열환경을 평가하는 것이 실용적이다. 복수요소의 열환경 측정에 사용되는 것은 카타온도계, 글로브온도계 등이 있으며 아래 표는 열환경을 평가하는 주요지표의 사례이다.

표 4-8 | 열환경 평가지표 예

지 표	온열 4요소				특 징
	기온	습도	기류	복사	
습구온도	○	○			기온과 기류, 복사열을 종합측정, 습도가 높은 환경의 기온과 습도의 평가
글로브온도계	○		○	○	복사열과 기류효과 평가
카타온도계	○		○		기온이 낮거나 풍속이 빠르면 냉각시간 짧음, 환경냉각력 평가
불쾌지수	○	○			기온과 습구온도의 조합, 사람의 불쾌도 표시
유효온도	○	○	○		기온, 습도, 풍속의 조합이 체감에 미치는 효과
환경온도	○			○	난방설계용 실온으로 사용

5.3.5 공기와 습기

공기 속에는 습기가 포함되어 있으며 공기 중의 습기의 영향으로 인체는 물론 건물에도 곰팡이나 결로현상 등이 발생하게 된다.

(1) 습도

대기 중의 공기는 수증기를 포함하고 있으며 공기 중의 수증기량을 표현하는 방법은 절대습도, 상대습도 등이 있다. 절대습도는 건조공기 1kg 중의 수증기량 x(kg)을 나타내는 중량절대습도(kg/kg) 또는 공기 1m³ 중의 수증기량을 나타내는 용량절대습도(kg/m³)로 표현된다. 1kg의 건조공기가 포함할 수 있는 최대한의 수증기량이 포화절대습도이다.

상대습도는 대기 중의 수증기 비율은 어느 일정 용량의 공기가 포함되어 있는 수증기압과 이때 같은 온도에서 최대 포함된 포화수증기압의 비를 말한다.

■ 건조공기
- 수증기가 전혀 없는 공기

■ 포화공기
- 더 이상 수증기를 포함할 수 없는 공기로 냉각하면 수증기가 비가 됨

(2) 결로

결로(condensation)는 공기 중에 포함된 수증기가 응축되면서 구조체의 표면에 수분이 발생하는 현상으로 건축물의 미관저해, 세균번식 및 마감재료의 손상 원인이 된다.

어느 온도에서 불포화한 습공기를 냉각하면 상대습도가 점점 높아져 포화상태에 이르게 되며, 이 때의 온도를 원래 공기의 노점온도라고 한다. 이 노점온도 이하로 공기를 냉각하면 공기 속에는 수증기가 없어지고 일부의 수증기가 응축하여 물로 변한다. 이러한 경우 물체의 표면에 결로현상이 발생하게 되는데, 이것은 물체 표면과 접촉한 공기가 노점온도 이하로 되어 공기 중의 수증기가 응축되기 때문이다.

결로는 창유리나 실내의 벽표면에 생기는 표면결로와 외벽의 내부에 생기는 내부결로 구분할 수 있다.

결로의 원인

- 실내 · 외의 온도 차이
- 실내의 습기 발생
- 실내환기 부족
- 건축물의 특성 및 단열 시공불량

대책

- 환기 : 습한 공기를 환기를 통해 제거
- 난방 : 건물의 난방은 실내온도의 상승으로 실내공기의 노점온도보다 높게 유지
- 단열 : 단열재 시공을 철저히 하여 벽체로 이동하는 열손실 방지

■ 열교현상(hear bridge)

– 냉교(cold bridge)라고도 하며 건축물의 단열이 취약한 부분을 통해 열의 이동이 많아지는 것으로 단열성이 저하됨

(3) 단열

단열(insulation)은 건축물의 내 · 외부의 열 이동을 차단하기 위한 것이며 적절한 단열재를 선정하여 설치한다.

건물 부위별 단열

- 벽, 천장, 바닥, 지붕 등의 필요한 곳에 단열재 설치

내단열, 중단열, 외단열

- 건축물에 단열재를 설치하는 위치에 따라 구분

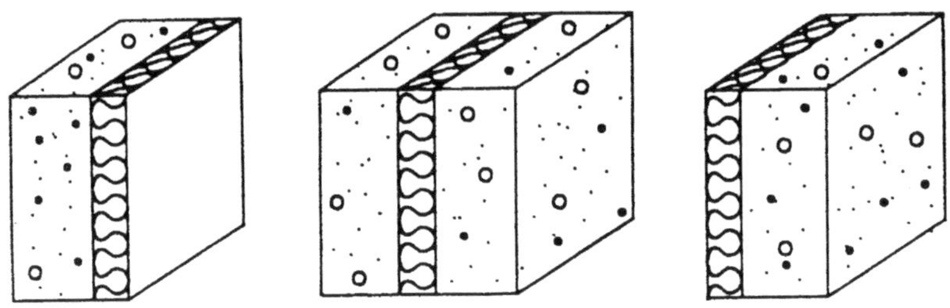

(a) 내단열 (b) 중단열 (c) 외단열

그림 5-5 | 단열재 설치법

■ 비열(kcal/kg℃)

– 1kg의 공기를 1℃ 올리는데 필요한 열량

■ 열용량(용적비열)

– $1m^3$의 공기를 1℃ 올리는데 필요한 열량으로 질량(kg)과 비열의 곱으로 표현

5.4 음환경

5.4.1 음의 기초

(1) 음파

음은 파동으로 전달되는 음파이며 음파의 자극으로 인간은 귀를 통해 소리를 듣게 되는데 이는 공기의 압력변화로 일어난다.

일단 외력이 가해져 물체나 공기가 진동하게 되면 음파가 형성되고 형성된 음파는 음파가

전달되는 공간인 음장을 통해 전파된다.

음파는 관성과 탄성을 지닌 매체의 운동으로 전달되며 집중과 분산을 통해 음파의 압력이 변하는데 이를 음압이라고 한다.

(2) 주파수

주파수(f)는 어떤 지점을 단위시간(1초) 동안에 통과하는 음의 사이클(cycle) 수 또는 1초간 반복되는 음의 왕복운동 수를 의미한다. 진동수라고도 하며 주파수가 많은 음은 높은 음, 주파수사 적은 음은 낮은 음으로 느낀다. 주파수 세기의 단위는 헤르츠(Hz) 또는 사이클(cycle/s, cps)로 표현하고, 보통사람이 들을 수 있는 주파수 범위는 20~20,000Hz 정도이다.

(3) 음의 세기 및 음압

음의 세기는 음파의 진행방향에 수직면의 단위면적(1m²)을 단위시간(1초)에 통과하는 음의 에너지를 말한다. 음의 세기는 에너지의 대소를 말하며 진폭이 큰 것이 큰 음으로 느껴진다. 음파에 따라 공기에 발생하는 압력의 변동을 음압이라 하고 음압을 측정하는 단위는 데시벨(dB)이며 소음계로 측정한 값은 소음레벨이라 한다.

(4) 잔향과 반향

실내에서 발생하는 음이 정지되어도 음은 바로 없어지지 않고 점차 음이 작아지며 어느 정도 시간이 지나야 음이 들리지 않게 되는데 이렇게 음원이 제거된 후에도 음이 실내에 남는 현상을 잔향이라 한다.

최적의 잔향시간은 실의 사용목적에 따라 달라져야 하는데 음악을 연주하는 공간은 긴 잔향시간이 필요하지만 강연 등을 목적으로 하는 실의 잔향시간은 짧아야 한다.

잔향시산은 건축에서 실내의 음향상태를 조절하는데 매우 중요하며 흡음재료 등을 선정하는 기준이 된다.

초기감쇠시간은 음에너지량이 10데시벨(dB) 감쇠하는데 소요되는 시간을 말한다.

직접음이 들린 후에 반사음이 늦게 들리는 경우를 반향이라 하며 직접음과 반사음의 도달시간 차이가 0.05초 이상 있는 경우에 발생한다. 반향은 음의 명료도를 저하시킨다.

■ 잔향시간

- 잔향시간은 음원으로부터 발생하는 소리가 정지했을 때 음에너지량(음압레벨)이 60dB 감쇠하는데 소요되는 시간

■ 명료도

- 사람이 말할 때 정확하게 들리는 정도를 표현한 기준의 백분율

■ 마스킹(masking)효과

- 2가지 음이 동시에 들려 한 쪽의 음 때문에 다른 쪽의 음이 작게 들리는 현상으로 소음 등의 방해음 때문에 잘 들리지 않는 경우를 말함

5.4.2 소음

(1) 소음원

공동주택이 주거가 일반화되고 있는 현시대에 바닥충격음 등의 큰 소음은 이웃간의 분쟁의 원인이 되기도 하며, 거주자의 중요한 불만요인이 되고 이웃간에 언쟁이 발생하기도 한다.

소음원은 자연음과 인공음으로 구분할 수 있다.

- **자연음** : 새소리, 가축소리, 물소리, 바람소리 등
- **인공음** : 차량, 건설현장 소음, 공장소음, 생활소음 등

표 5-1 | 소음의 발생원

구 분	분 류	소 음 원
인공소음	교통소음	자동차, 기차, 비행기, 오토바이
	생활소음	생활에서 발생하는 바닥 충격음, TV, 라디오, 피아노 연주, 애완견 소리 등
	공사소음	건설현장 작업 및 장비 소음
	공장소음	공장작업 및 기계소리
자연소음	자연소음	동물소리, 물소리, 바람소리

(2) 소음방지 대책

소음은 정서적 피해, 생활 및 수면방해 등을 유발하므로 적절한 방지대책이 수립되어야 한다.

- **소음원 발생 및 출력억제 :** 저소음의 장비 및 공법의 개발 등 소음저감 방안강구
- **소음원과 실 배치계획 :** 음의 에너지 밀도가 거리의 제곱에 반비례하므로 조용한 환경 조성이 필요한 경우 소음원으로부터 멀리 배치
- **소음전달 경로에 차음 및 흡음계획 수립 :** 도로변에 방음벽, 조림수목 식재, 소음을 고려한 건물외피 계획수립

5.4.3 차음과 흡음

(1) 차음

입사음에서 투과된 음에너지의 비율을 투과율 또는 투과계수라고 하며, 소음을 차단하는 능력인 차음은 투과율의 역수로 표현된다.

일반적으로 건물에서 차음성능을 높이기 위해서는 창호 등의 개구부의 차음성을 높이는 것이 중요하다.

(2) 흡음

음이 물체의 표면에 부딪치면 일부는 반사되고 일부는 흡수되거나 투과된다. 흡음률은 입사된 음에너지량 대비 흡수된 음에너지량으로 나타내며 0~1 사이의 값이다.

흡음률 = 흡수음에너지량/입사음에너지량

실내의 소음을 줄이기 위해서는 흡음력이 높은 재료를 사용하고 소음원에 가깝게 설치하는 것이 효과적이다.

5.5 공기환경

5.5.1 공기와 환기

실내에서 주로 생산활동을 하는 현대인에게 실내의 공기질은 매우 중요할 것이다. 신선한 공기를 공급하기 위해서는 일정한 급기와 배기가 요구되며 특히 많은 사람이 모이는 밀폐된 장소에서는 더욱 그러하다.

과거에는 외부의 공기가 오염되지 않은 깨끗한 공기였으나 최근에는 각종 시설에서 배출되는 오염물질 때문에 외부의 공기도 많이 오염되어 있는 실정이다. 그러므로 외부공기를 그대로 사용할 수 없으므로 오염된 공기를 정화시키는 설비를 거쳐 실내로 공급하게 된다.

최근의 대형건물은 기밀성능과 단열성능을 향상시킨 자재선정 및 시공으로 자연환기가 이루어지기가 어려워 실내공기는 점점 더 오염되고 있다. 가정에서는 건축자재에서 발생하는 오염물질, 주방에서의 가스사용, 난방기구의 사용, 인간의 활동 등으로 공기가 오염되고 있다.

최근에 제기된 마감자재에서 발생하는 휘발성 유기화합물(포름알데히드, 라돈 등)에 의한 실내공기의 오염이 문제가 되고 있으며, 이로 인해 발생하는 각종 새집증후군의 증세에 시달리는 사례가 제기되어 이를 저감시키기 위한 방법이 강구되고 있다.

친환경 자재와 접착제의 사용, 베이크 아웃 등은 유해물질의 발생과 이를 배출하기 위해 사용되는 방법의 예이다.

■ 새집증후군

- 새로 지은 집에서 인체에 해로운 화학물질이 많이 나와 인체에 해를 주는 것으로 석유화학제품의 사용으로 생겨 피부질환, 호흡장애 등 유발

■ 베이크 아웃

- 새로 지은 집에 입주하기 전에 난방 및 환기를 실시하여 유해한 물질을 없애는 것

5.5.2 공기오염 및 환기의 목적

(1) 실내공기의 오염

실내공기를 오염시키는 원인은 실내의 이산화탄소(CO_2)량의 증가, 실내의 온·습도 상승, 냄새의 증가 등이 있다.

실내공기를 오염시키는 발생원인은 다음과 같다.

- 재실자 : 인체의 호흡, 땀, 먼지, 흡연, 가스 등
- 설비기기 : 연소계통의 설비를 통해 가스의 연소, 배연 등
- 건축자재 : 사용된 건축자재에서 발생하는 유해가스, 먼지 등
- 기타 : 주방, 화장실 등의 냄새 등

(2) 환기의 목적

환기는 실내의 오염된 공기를 신선한 외부공기로 교체하는 것을 말한다. 환기는 단순한 목적만을 대상으로 하는 경우가 있고 또는 여러 목적을 동시에 추구하는 경우도 있다. 가장 단순한 환기의 목적은 실내의 오염된 공기를 제거하고자 하는 것이며 이는 오염의 원인인 각종 유해가스, 냄새, 분진, 세균 등을 찾아 제거하면 해결되는 방법이다.

두 번째는 공기의 온도와 습도를 조절하여 인체에 간접효과를 주는 방서방습의 수단으로 환기를 이용하는 것이다. 환기는 난방부하를 증가시키는 원인이 되기도 한다.

■ 필요 환기량

- 사람이 쾌적하게 지내고 작업할 수 있도록 실내의 공기를 일정한 수준으로 유지하기 위해 외부의 공기를 받아들여 환기하는 필요한 최소한의 환기량

5.5.3 환기의 종류

(1) 자연환기와 기계환기

실내의 활동이 많은 현대인을 위하여 실내의 공기를 깨끗하게 유지하는 것이 필요하며 환기방법을 구분하면 크게 자연환기 방식과 기계설비를 이용하는 방식으로 구분할 수 있다. 환

기는 자연환기와 기계환기를 적절히 조합하여 사용할 때 더욱 효과적일 것이다.

자연환기

일반적인 방법으로 창, 벽의 틈사이로 실내의 오염된 공기가 빠져나가고 깨끗한 외부공기가 유입되도록 하여 자연의 물리현상을 이용하여 공기가 순환되도록 하는 방법, 실내외의 온도차를 이용하는 방법과 외기바람에 의한 풍력환기가 있으며 소음이 없고 동력이 필요 없음, 기온과 바람이 시시각각으로 변하므로 환기량을 계획적으로 조절하기 어려움

기계환기(인공환기)

설비를 이용하여 강제적으로 실내의 공기를 정화시키는 방법, 주로 송풍기를 활용하여 어떤 경우나 계획한 환기를 자유로운 압력으로 환기가 가능함

(2) 국소환기와 전체환기

환기를 일부분 오염원이 발생하는 경우는 주위를 집중 포집하여 이를 배제시키는 국소배기가 필요하며 유해물질 등이 실내에 전반적으로 분포되어 있는 경우에는 전체적으로 환기시키는 것이 필요하다.

국소환기

오염된 공기를 발생장소 가까이에서 그 오염물질을 환기시키는 것으로 후드, 박스, 부스 등을 이용하여 오염된 공기를 외부로 배출함

전체환기

실내 전반에 퍼져있는 오염된 공기를 환기팬 등을 이용하여 외부로 배출하는 것

(3) 압입환기와 배출환기

송풍기 등을 이용하여 외부의 공기를 실내로 끌어들이는 경우가 압입환기에 해당되며 이 경우 실내의 공기압력은 높아(플러스)지고 개구부를 통해서 공기가 빠져나간다. 반대로 실내의 공기를 강제적으로 외부로 빼내면 실내의 공기압력은 낮아(마이너스)지고 개구부를 통해 외부공기가 실내로 유입되는데 이를 배출환기라 한다.

일반적으로 오염된 공기가 발생되는 실은 배출환기를 사용하며 거실, 침실 등의 비교적 깨

끗하게 유지되는 경우는 압입환기를 이용한다.

5.6 친환경 건축

예전에는 인간의 생활이 자연환경에 알맞게 서로 순응하며 살아가던 시대였으나 산업혁명 이후 건축분야에도 기계와 기술이 접목되어 각종 인공재료의 대량생산이 가능해지고 건물의 짓기가 더욱 쉬워지면서 환경에 유해한 건축물의 탄생이 증가하였다고 볼 수 있다. 무분별한 에너지의 사용으로 자연환경이 오염되고 인간의 생활환경의 악화는 물론 건강을 위협하는 시대가 도래하고 있다.

최근에는 친환경 건축이라는 말을 자주 듣게 되는데 이 개념은 건물의 에너지 사용을 최소화하여 자연환경을 이용하고 보존하면서 인간의 생활공간을 쾌적하게 만든 작업일 것이다. 이것은 지구환경을 보전하는 차원에서 에너지, 자원, 폐기물 등에 대한 고려와 주변 환경과의 조화가 이루어져야 하며 거주자가 쾌적하고 편안하게 활동할 수 있도록 공간을 조성하는 것이다. 에너지 자원으로 사용되는 석유의 유한성과 연소과정에서 발생하는 피해를 고려하면 환경 친화적인 건축에 관심을 기울여야 한다. 태양열, 풍력, 조력, 지열 등 자연에서 얻을 수 있는 친환경 에너지의 활용이 늘고 있는 추세이며, 건축기술의 발달, 즉 신공법, 기계성능의 발달, 친한경 재료의 반달로 에너지를 절약하고 에너지를 오래 보존하면서 환경을 저해하지 않는 건축물을 짓는데 힘을 쓰고 있다. 친환경 건물은 설계와 시공단계만 국한되는 것이 아니라 사용 중에도 최소 에너지를 사용과 최소의 유지보수 비용으로 성능을 유지하고 오랫동안 건물의 수명이, 즉 장수명의 건물이 되도록 해야 한다.

그리하여 건물을 쉽게 철거하거나 개발되지 않도록 하고 건물의 해체 시에도 폐기되는 자재가 적고 재활용할 수 있도록 계획하여 자연의 피해를 최소화해야 한다.

일반적으로 건축행위가 자연을 파괴하고 친환경과는 거리가 멀다고 생각하는 것도 무리가 아니므로 자연의 피해를 최소화하면서 자연과 어우러지는 친환경 건물을 짓기 위한 건축재료, 공법 및 기술의 개발에 힘써야 할 것이다.

제 6 장

건축설비

6 건축설비

6.1 건축과 설비

설비는 건물공간에 필요한 위생설비 제공, 온·습도, 공기 및 조명 등의 조절로 쾌적한 실내환경을 조성하는 것으로 인간의 생활에 필요한 환경을 유지하는 것이다. 건물에서 설비의 역할은 공간의 목적, 내용, 사용조건에 맞는 환경을 조성하는 것이다. 일반적으로 건축물의 환경을 조성하는 방법으로 건물의 형태, 구조 및 외피계획을 통해 실내환경을 자연적으로 조절하는 자연형조절법과 각종 설비기기를 이용하여 거주하는 사람들에게 적합한 환경을 제공하는 설비형조절법이 있다. 이렇게 건물 내부의 환경을 조절하기 위해 설비기기를 이용하여 위생, 냉난방, 공기조화 등을 실시하는 것이 건축설비이다. 최근에 건물의 기능이 다양하고, 정보화 등으로 설비의 중요성이 더욱 증대하고 있어 설비를 위해 보다 넓은 면적과 공간이 필요하며 전체 공사비에서 차지하는 비율이 점점 증가하는 추세이다. 그러므로 건물 설계단계부터 설비장치와의 관계와 각종 설비가 미치는 영향을 분석하여 설계에 반영해야 하자예방 및 비용절감이 가능하고 준공 후 건물의 유지관리 측면에서 유리할 것이다. 설비시스템은 건축계획 단계에서부터 건물의 각 실의 기능에 적합한 시스템이 선정되도록 프로그램이 검토되어야 한다. 각종 기기, 덕트, 파이프 등의 설치공간과 구조계획과 관련된 층고의 검토, 구조물과의 간섭 등을 사전에 철저히 검토해야 한다. 또한 설비장비 및 기기가 집중되는 설비실(전기실, 기계실 등)을 사전에 계획하고 고층건물의 경우 조닝(zoning)에 따라 설비실을 몇 개로 나누어 설치하여야 한다.

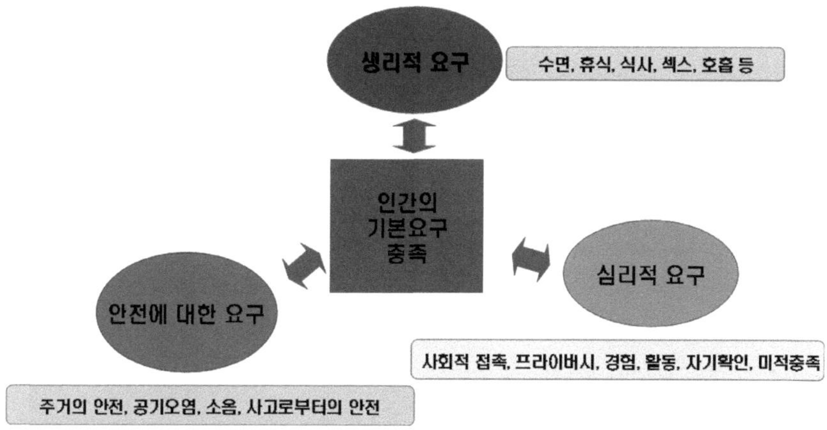

그림 6-1 | 인간의 기본욕구

6.2 난방설비

난방은 겨울철 등에 공기의 온도를 올려 실내공간을 따뜻하게 하는 것이 목적으로, 난방기구 사용, 보일러 가동 등으로 이루어진다. 실내공간을 따뜻하게 하는 방식으로는 난로나 온풍기 등을 사용하여 필요한 공간에 직접 열을 전달하는 개별방식과 보일러를 사용하여 필요한 곳으로 열을 전달하는 중앙방식이 있다.

열을 전달하는 매체는 증기, 온수, 온풍 등이며 난방의 방식, 기구의 선정 등은 건물의 규모, 사용목적 등에 따라 적절히 선정한다.

또한 가열된 증기, 온수, 온열 등을 열매라 하는데 이를 직접 실내의 방열기를 통해 전달하는 방식을 직접난방이라 하고, 덕트, 배관 등을 통하여 필요한 곳에 열매를 전달하는 방식을 간접난방이라 한다.

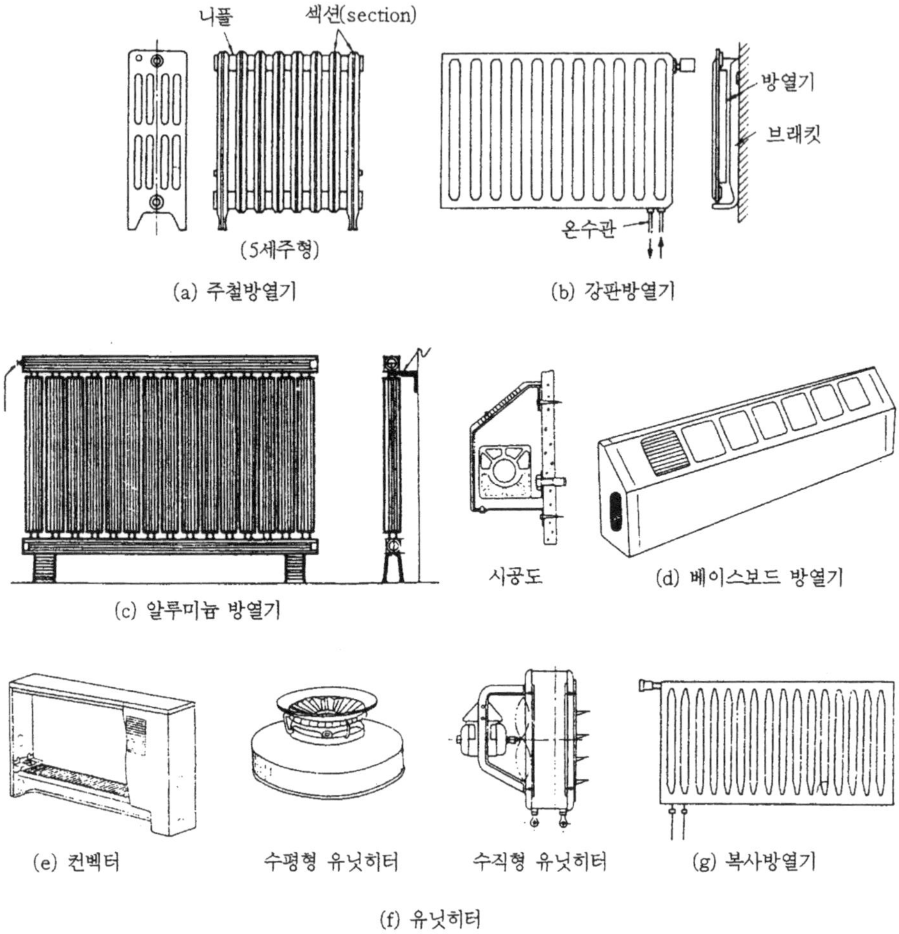

그림 6-2 | 방열기의 종류

> ■ 방열기(radiator)
>
> – 배관을 통해 공급된 열을 주위에 발산시키는 장치

(1) 증기난방(steam heating system)

보일러로 물을 가열하여 발생된 증기를 배관을 통해 방열기로 공급하여 주위의 공기를 가열하는 방식이다.

(2) 온수난방(hot water heating system)

보일러를 가열하여 뜨거운 물을 온수배관을 통해 방열기로 공급하는 방식이다.

(3) 온풍난방(warm air heating system)

온풍기로 가열한 공기를 직접 실내로 공급하여 실내공기와 혼합하여 실내온도를 높여서 난방하는 방식이다.

(4) 복사난방

실내의 구조체인 벽, 바닥, 천장 등에 온수관을 매입하여 방열체로부터 나오는 방사열로 난방하는 방식이며 방열체를 복사패널이라고 하며 공동주택에 널리 사용된다.

(5) 지역냉난방

플랜트에서 나온 냉수나 온수를 배관을 통해 지역 내의 건물(아파트 등)로 공급하여 냉난방을 하는 방식이다.

6.3 급수설비

급수설비는 말 그대로 인간생활에 필수적인 물을 위생적이고 깨끗한 상태로 충분한 수량과 수압으로 건물에 공급하는 설비이다. 예를 들면 우리가 가정에서 사용하는 대변기, 세면기, 부엌 싱크대 등 각 부분의 용도에 알맞게 필요한 수압으로 양질의 물을 공급하는 것이다. 건물에 물을 공급하려면 사용할 물을 어디서 가져올 것인가가 기본적인 문제이다. 도시에서는 적정한 장소에 공공시설로 상수도시설을 하여 물을 공급하고 있으나 상수도시설이 없는 곳에서는 하천, 호수, 지하수 등을 수원으로 사용해야 한다. 건물에 물을 공급하는 방식으로는 직접 물을 공급하는 수도직결식과 일단 물을 저장(저수조)하여 공급하는 간접급수 방식으로 고가수조식, 압력수조식, 부스터식 등이 있다. 급수방식은 건물에서 물을 사용할 장소에 필요한 적정한 수량과 압력을 제공할 수 있는 방식을 선정해야 하며, 건물에서 물을 사용하는 정도, 건물높이 등에 따라 결정된다.

■ 물의 비중

- 물의 무게는 압력과 온도에 따라 차이가 나며, 1기압 하에서 4℃일 때가 최대값 1,000(kg/m³)이며, 다른 물질의 비중량과의 비를 비중이라 함

■ 수압

- 수면에서 어느 정도의 거리에 있는 단위 면적에 걸리는 물의 압력으로 수면에서의 거리에 비례하여 커지며, 수압 = 1,000h(kg/m²)으로 여기서 h는 물의 깊이

■ 중수도

- 한 번 사용한 수돗물을 재처리하여 생활용수/공업용수 등으로 재활용하도록 한 시설

■ 수소이온 농도(pH)

- 물 속에 용해되어 있는 화학성분의 양으로 산성, 알칼리성, 중성을 나타낸 것으로 pH<7일 때 산성 pH>7일 때 알칼리성 pH = 7은 중성

(1) 수도직결식(시수직결식)

도로에 시설된 관으로 연결된 수도관을 통해서 직접 물을 사용하는 장소까지 급수하는 방식이다. 수도본관에 건물에서 사용할 물을 공급하는 급수관을 이용하여 필요한 곳으로 직접 급수하는 방식이므로 수압이 적고, 수도관의 직경에 제약이 따른다. 이 방식은 2~3층 정도의 소규모 건물에서 많이 사용되며, 신선한 물을 바로 공급받을 수 있고 유지관리비와 설비비가 싸며 별도의 기계실이 필요 없는 장점이 있으나 단수 시에는 물을 사용하지 못하는 단점이 있다.

(2) 고가수조식

물을 급수관을 통해 일단 건물에서 적정한 수량과 수압을 만족하는 높은 위치에 수조를 만들어 놓고 급수펌프를 사용하여 물을 퍼올려 저장시켜 놓고 필요시에 중력을 이용하여 건물 내부에 물을 공급하는 방식이다. 주변의 아파트나 건물의 계단실 위에 옥탑층을 만들어 수조를 설치한 것을 볼 수 있는데, 이것은 필요한 수압을 얻기 위해 높은 곳에 수조를 설치하는 것이다. 고가수조식은 물을 사전에 수조에 저장하여 단수 시에도 물을 사용할 수 있는 장점이 있으나 건물 상부에 수도를 설치하여 큰 하중으로 작용하고 오랫동안 사용하지 않을 경우 물이 오염될 수도 있다.

(3) 압력수조식

물을 급수관을 통해 저수조에 저장하여 놓고 급수펌프로 압력탱크에 물을 공급하여 컴프레서로 물에 압력을 가해 필요한 곳으로 물을 공급하는 방식이다. 고가수조를 설치하기 어려운 경우나 수도직결식으로 수압이 약할 때 주로 사용하는 방식으로 이 방식에는 압력펌프, 컴프레서, 저수조 등의 각종 설비와 기기가 필요하다.

(4) 부스터식

급수관으로 물을 저수탱크에 저장하고 급수펌프로 건물 내부에 물을 공급하는 방식이다. 물을 공급하는 양은 펌프의 수량과 배치로 조절되며 급수시 일정한 수압을 유지할 수 있고, 단수 시에도 저수탱크에 남아 있는 물을 사용할 수 있다. 그러나 저수탱크 및 펌프설치를 위한 별도의 공간이 필요하다.

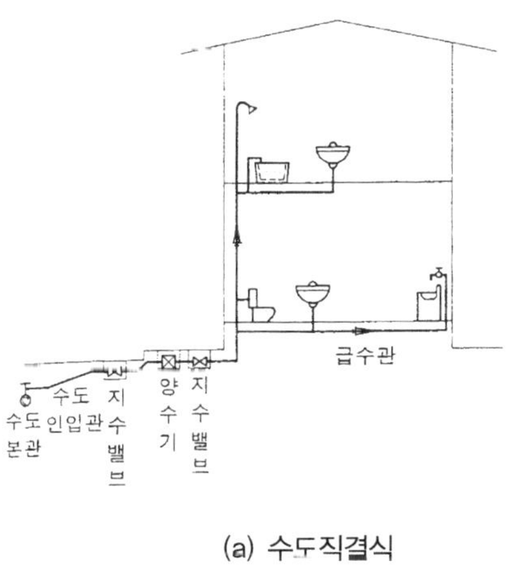

(a) 수도직결식

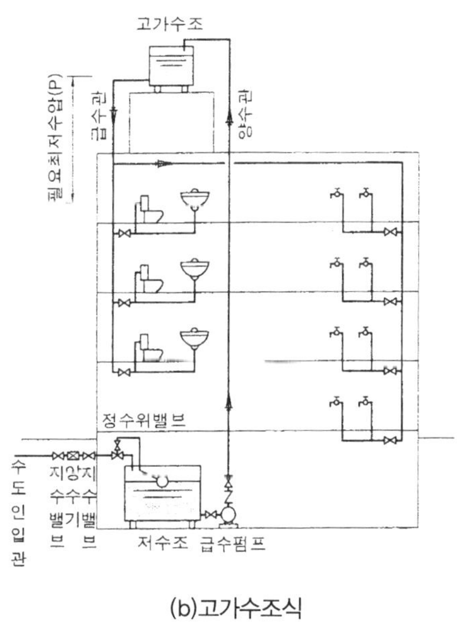

(b)고가수조식

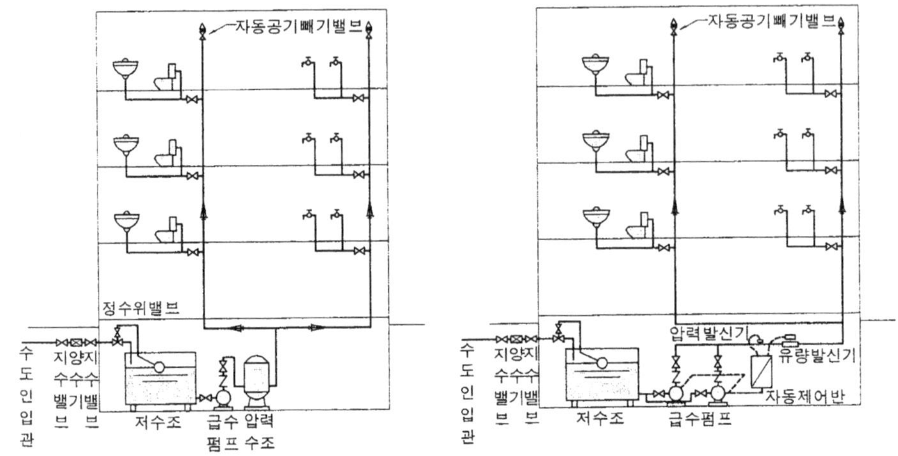

(c) 압력수조식　　　　(d) 부스터식

그림 6-3 | 급수방식

6.4 급탕설비

급탕설비는 물을 가열하여 욕실, 주방 등 필요한 곳에 온수를 공급하는 설비이며, 음료용, 목욕용, 세장용, 소독용 등 용도에 따라 물의 온도를 조절한다. 급탕방식은 개별식(국소식)과 중앙식 급탕방식, 간접가열방식으로 대별된다. 급탕방식은 건물의 규모, 종류, 급탕량 등에 의해 결정된다.

(1) 급탕방식

개별식(국소식) 급탕방식

개별식은 탕이 필요한 곳에 가열기를 설치하여 급탕하는 방법으로 배관길이가 짧고 열손실이 적다는 장점이 있다. 주택이나 사무실 등 급탕개소가 작은 규모의 건물에 적합하나 급탕개소가 많을 경우 가열장치 개수가 증가하고 비용이 증가된다.

중앙식 급탕방식

가열장치, 저탕조, 순환펌프 등의 기기류를 기계실에 설치해 놓고 석유 등으로 급탕한 더운 물을 배관을 이용하여 필요한 곳으로 운반하여 사용하는 방식이다. 급탕 개소가 많고, 많은 물을 필요로 하는 사무소, 병원 등에 적합한 방식이다. 대규모 건물에 사용하면 효율성이 좋고 경제적이나 배관길이가 길게 되면 열손실이 많고 초기설비 투자비가 많이 든다.

간접가열 방식

저탕조 내에 가열코일을 설치하여 간접적으로 저탕조의 물을 가열하는 방식이다. 여기에는 자동온도조절밸브, 압력계, 팽창관, 안전밸브 등이 필요하다.

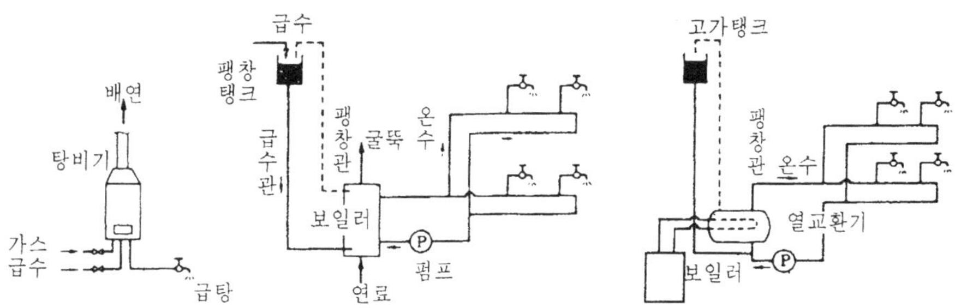

(a) 개별식 (b) 중앙식 (c) 간접가열식

그림 6-4 | 급탕방식

(2) 급탕배관법

배관방식

더운 물을 공급하는 방식에는 배관방법에 따라 단관식과 복관식으로 구분할 수 있다. 단관식은 더운 물을 공급하는 급탕배관만을 설치하는 섯이나, 복관식은 공급하는 관 이외에 사용하고 남은 물을 회수하는 환탕관(반탕관)이 설치된다.

공급방식

더운 물을 공급하는 방식에 따라 상향식과 하향식으로 구분할 수 있다. 상향식은 급탕기기를 하부에 설치하여 물을 상향으로 공급하는 방식으로 탕의 온노강하는 적으나 설비비가 비싸다. 하향식은 저탕조의 물을 최상층까지 끌어올려 아래로 공급하는 방식으로 반탕관의 일부가 생략되어 설비비가 싸지만 일시에 찬물이 나올 수 있다.

순환방식

순환방식은 중력식과 강제식이 있으며 중력식은 급탕관과 반탕관의 온도 차이로 생기는

(밀도차) 자연순환력으로 순환하는 방식으로 소규모 건물에 적합하다. 강제식은 배관의 급탕 순환펌프를 설치하여 강제적으로 순환시키는 방식이다.

6.5 배수설비 및 통기설비

6.5.1 배수설비

건물 내부 또는 대지 내에서 인간이 사용한 물은 우수, 오수, 잡배수 등으로 구분할 수 있다. 이러한 물을 건물 외부로 처리하는 방법을 배수라 하며 배수에 사용되는 기구 및 모든 설비를 배수설비라고 하고, 일반적으로 오수는 정화시설에서 처리하여 배출된다.

■ 오수
- 생활, 영업 및 생산 활동으로 배출되는 폐수(대변기, 소변기 등)

■ 잡배수
- 세탁기, 세면기, 부엌 등에서 배출되는 폐수

■ 일반배수
- 우수(빗물), 지하용출수 등

■ 특수배수
- 병원, 연구소 등에서 나오는 배수

■ 중수도
- 건물에서 사용한 물을 재처리하여 화장실, 살수용, 소화용수 등으로 사용하는 것

6.5.2 통기설비

배수관 내의 유해가스, 해충 등이 실내로 침입하는 것을 방지하여 배수관을 청결하게 유지하고 배수의 흐름을 원활히 하기 위한 것이 통기설비이다.

트랩(trap)과 봉수

배수관의 유해가스나 악취가 올라오는 것을 방지하기 위해 위생기구에 설치하는 기구이며, 트랩에 물이 고이게 하여 가스의 침입을 방지하는 방식을 취하는데 이때 고인 물을 봉수(water seal)라고 한다. 트랩의 종류에는 일반적으로 세면기에 사용하는 P트랩을 비롯하여 U트랩, 드럼트랩 등이 있다.

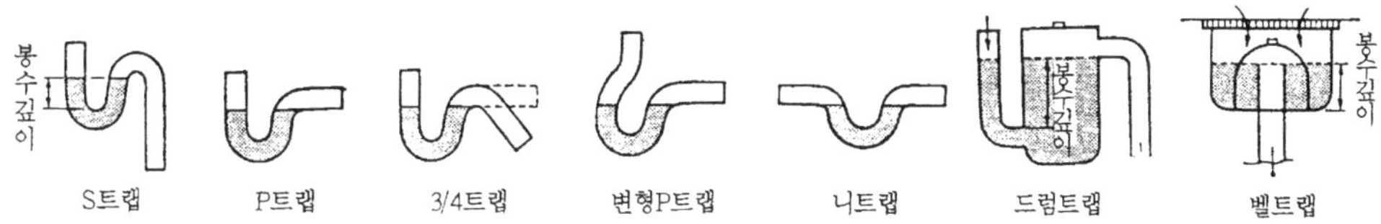

그림 6-5 | 트랩의 종류

통기관

배수관 내의 압력변화로 트랩의 봉수가 깨지지 않도록 하고, 배수가 잘 되도록 하며, 새로운 공기가 유입되도록 하여 배수관을 환기시키고 청결하게 유지하기 위한 관이다. 통기관의 종류로는 하나의 트랩마다 설치하는 각개통기, 2개 이상의 트랩을 통기하는 루프(환상)통기, 오수 및 배수수직관을 연결하여 사용하는 신정통기 등이 있다.

6.5.3 위생기구

위생기구는 공급된 물을 사용하고 사용한 물을 배출하는 기구를 말한다.

건물의 급수설비, 급탕설비 및 배수설비 등에 사용하는 기구로서 화장실의 욕조, 대변기, 소변기, 거울, 수건걸이, 휴지걸이, 비누대, 밸브류 등과 부엌의 싱크대의 수전 등을 말한다.

6.6 소방설비

소방설비는 소화설비, 경보설비, 피난설비, 소화용수설비 등으로 구분할 수 있으며 화재가 발생하였을 때 불을 조기에 끄고, 불이 난 사실을 알리고 안전하게 대피하여 인명 및 재산 피해가 발생하지 않도록 도와주는 설비이다.

(1) 소화설비

화재발생시 초기에 진화를 목적으로 물, 소화약제를 사용하여 소화하는 기계 및 설비로 용도에 맞는 소화설비를 갖춰야 함

- 소화기구 : 간이소화기, 소화기
- 옥내소화전 설비
- 스프링클러 설비
- 거품소화설비, 이산화탄소 소화설비, 분말 소화설비 등
- 옥외소화전설비

(2) 경보설비 : 화재발생시 이를 알리는 기계 · 기구 또는 설비

- 비상벨설비, 자동사이렌설비
- 단독경보형감지기
- 비상방송설비
- 누전경보기
- 자동화재탐재설비 및 시각경보기
- 가스누설경보기

(3) 피난설비 : 화재발생시 안전하게 대피하기 위한 기구 또는 설비

- 유도등, 유도표지
- 피난사다리, 미끄럼대, 완강기 등
- 방열복, 인공소생기
- 비상조명등, 휴대용비상조명등

(4) 소화용수설비 : 화재를 진압하는데 필요한 물공급 또는 물을 저장하는 설비

- 상수도 소화용설비
- 소화수조

(5) **소화활동설비** : 화재를 진압하거나 인명구조 활동을 위하여 사용하는 설비

- 제연설비
- 연결송수관설비
- 비상콘센트설비

6.7 전기설비

전기는 빛, 열, 음 등을 생산하는 수단이며 산업발달과 더불어 그 사용량이 점차 증대되고 있다.

(1) 전압과 전류

물의 수압에 해당하는 것이 전압이며, 물의 수량은 전류에 해당된다. 전류는 전압차가 클수록 증가하고 저항이 클수록 감소한다.

전압을 V(volt), 전류를 I(ampere), 저항을 R(ohm)이라 할 때 직류는

$$V = IR$$

(2) 직류와 교류

직류는 전류가 한 방향으로 흐르는 경우이며, 교류는 전류의 흐르는 방향과 양이 변하는 경우를 말한다.

(3) 전력

전기는 에너지로 변환시킬 수 있으며 이 에너지 단위를 전력(W, KW)이라 하고, 전기가 하는 일의 양을 전력량(Wh, kWh)이라 한다.

6.8 공기조화설비

6.8.1 공기조화의 목적

공기조화설비는 외기조건에 관계없이 거주하는 사람에게 쾌적한 환경을 만들어 주기 위해 실내의 온도, 습도, 기류, 복사열 및 공기청정도 등을 적절하게 유지하는 것이다.

과거에는 주로 추운 겨울철에 대비한 난방설비에만 신경을 썼으나 최근에는 모든 건물의 설계에 여름철의 냉방설비를 고려하고 있으며, 특히 사무실은 밀폐된 공간에서 최적의 근무 환경을 조성하기 위해 공기조화설비에 많은 투자를 하고 있는 추세이다. 공기조화설비는 건물에서 많은 공간을 차지하고 유지관리비 측면에서도 비용투자가 많으므로 설계단계에서부터 에너지 절약을 위한 자재선정, 기계실의 규모와 각종 배관 및 덕트의 위치와 크기 등이 사전에 면밀하게 검토되어야 한다.

- **공기조화설비 목적** : 해당 장소의 목적에 부합하도록 공기를 적합한 상태로 유지하는 것
- **공기조화의 과정** : 난방설비, 냉방설비, 환기설비 등을 적절히 조절하여 공기, 습도, 기류(공기흐름) 및 공기를 정화시키는 것

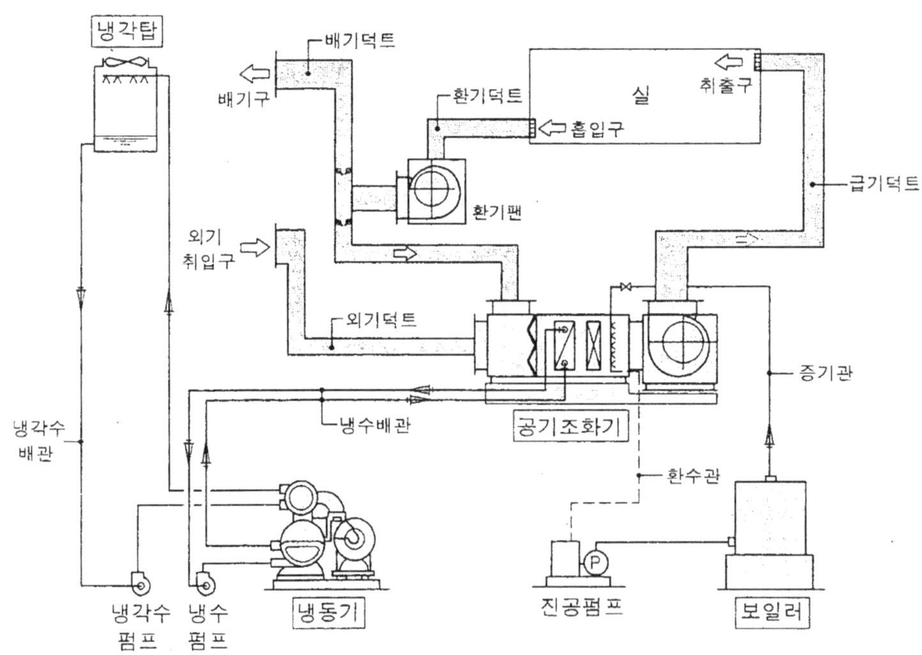

그림 6-6 | 공조시스템의 구성

6.8.2 공기조화설비에 필요한 장치

(1) 공기조화기

실내의 재순환 공기에 외기를 적절히 혼합하여 공기여과기를 통해 실내로 송풍하는 장치로 에어필터, 공기냉각기, 공기가열기 등

(2) 송풍장치

공기의 순환, 흡입 및 배출을 위해 덕트와 공기 운반을 위한 송풍기, 펌프 및 배관 필요

(3) 열원장치

공기를 냉각, 감습하기 위한 냉동기, 공기를 가열하기 위한 보일러가 필요

(4) 자동제어장치

공기조화에 사용된 기기의 올바른 작동과 실내 공기가 적정하게 유지되도록 자동적으로 제어하는 장치

6.9 환기 및 배연설비

6.9.1 환기설비

실내의 공기가 인체의 발열, 사람들의 호흡, 땀, 몸의 체취, 탄산가스 등으로 일산화탄소가 증가하여 실내공기가 오염되어 적절한 시간에 환기가 이루어져야 한다.

그러므로 실내의 오염된 공기를 배출하고 깨끗한 공기로 교체하여 작업능률의 향상은 물론 재실자가 건강하게 근무할 수 있는 환경을 만들어 주어야 하므로 실내의 오염된 공기는 자연 또는 기계적인 수단으로 공간의 사용목적에 맞게 제거하고 깨끗한 공기, 즉 먼지, 병원균 등이 포함되지 않은 청정한 외부공기로 교체하는 것이 필요한데 이것이 환기이다.

환기는 오염된 공기를 깨끗한 공기로 바꾸어 주는 좁은 의미에서 오염원의 제거, 결로방지, 분진제어 등으로 그 의미가 확대되고 있다.

(1) 자연환기

창문의 틈새 등을 통하여 실내 · 외의 공기의 압력 및 온도차이로 실내와 실외의 바람이 교체되는 방식이며, 기온, 풍속 및 풍향의 변화로 일정한 환기가 되기 어렵다.

(2) 강제(기계)환기

급기팬, 배기팬 등을 이용하여 급기와 배기가 강제적으로 일어나도록 하는 방식이며, 기계에 의한 강제환기로 일정한 환기량을 유지한다.

- **제1종 환기** : 송풍기와 배풍기를 이용하여 급기와 배기를 강제적으로 실시하는 것으로 외기를 실내로 끌어들이고 오염된 실내 공기를 외부로 배출함
- **제2종 환기** : 송풍기를 사용하여 강제적으로 외부의 공기를 끌어들이고 오염된 실내공기를 배기구나 틈새에 의해 자연적으로 배출시키는 방식
- **제3종 환기** : 급기구나 틈새를 통해 외부의 공기를 실내로 끌어들이고 오염된 실내공기를 배풍기로 강제적으로 외부로 배출시키는 방식

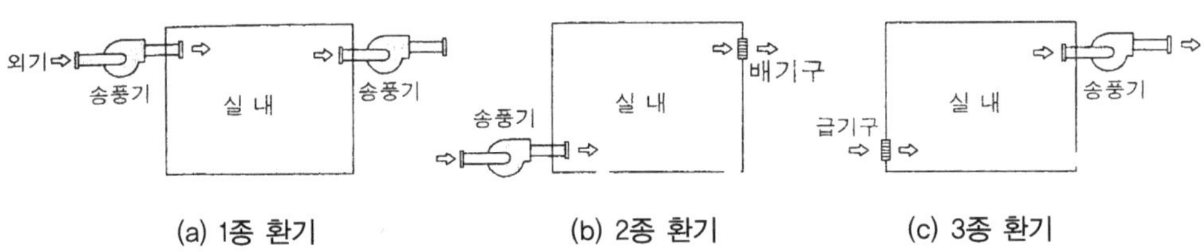

그림 6-7 | 환기방식

> ■ 환기량
> – 풍량으로 표시하는 방법(m^3/h)과 환기하는 횟수로 표시하는 방법(회/h)이 있음

6.9.2 배연설비

화재가 발생할 때 나오는 연기를 처리하는 설비이며, 특히 유독성가스에 의한 질식사고 등의 예방을 위해 화재발생시 적절한 배연설비가 필요하다.

| 참고문헌 |

[사전 및 개론서]
- 건설교통부제정, “건축공사표준시방서”, 대한건축학회, 2006.
- 대한건축학회, “건축용어대사전”, 기문당, 1982.
- 김정곤 외 3인 편저, “건축학개론”, 구미서관, 2008.2.
- 김곤 외 3인 공저, “건축속의 공학, 기문당, 2006.7.
- 건축공학설계편찬위원회, “건축공학설계개론”, 기문당, 2007.8.

[건축구조]
- 강주원 외 4인 공역, “구조의 이해–해석 · 재료 · 디자인”, 기문당, 2002.2.
- 고만영 외 4인, “건축구조학”, 구미서관, 2009.2.
- 정세환, 정순오. “건축일반구조”, 세진사, 2009.8.
- 주석중 외 3인 공저, “새로운 건축구조”, 기문당, 2000.
- 윤일주, 김용부 역, “건축의 구조”, 기문당, 1998.1.
- 이홍렬, “최신 건축구조학”, 기문당, 1998.1.

[건축재료]
- 김무한 외 2인, “건축재료학”, 문운당, 2002.1.
- 김재훈 외 4인, “건축재료학”, 문운당, 2001.3.
- 대한건축학회, “건축재료”, 기문당, 2000.1.
- 조준현 외 5인, “최신 건축재료학”, 기문당, 2003.10.

[건축시공]
- 신명섭 익 6인, “건축시공학”, 기문당, 2003.2.
- 송도헌, “초고층건축 시공”, 기문당, 2002.11.
- 이찬식, “건축시공학”, 한솔아카데미, 2006.2.
- 정순오, “철근콘크리트공사”, 한국산업인력공단, 2008.

[건축환경/설비]
- 김유숙 외 11인 편역, “알기쉬운 건축환경”, 기문당, 2005.1.
- 김강수, 이승복, 정대업, “건축환경학”, 문운당, 2006.8.
- 대한건축학회, “건축환경계획”, 기문당, 1995.10.
- 이경회, “건축환경계획”, 문운당, 1997.8.
- 임만택, “ 건축설비”, 기문당, 2007.2.
- 임정명, “건축설비”, 기문당, 2004.2.

저자소개

정순오 성균관대학교 공과대학 건설관리 전공(공학박사)
건축시공기술사
현, 경복대학교 공간디자인학과 명예 교수

정세환 인하대학교 공과대학 구조 전공(공학박사)
현, 경복대학교 친환경건축과 교수

건축공학의 이해

2010년 12월 25일 1판 1쇄 발행
2025년 8월 25일 1판 8쇄 발행

저 자 정순오, 정세환
발 행 처 기문당
주 소 서울시 성동구 무학봉 28길 4-1
전 화 02) 2295-6171~2
팩 스 02) 6971-8188
홈 페 이 지 www.kimoondang.com
I S B N 978-89-6225-303-0 93540